卫生陶瓷施釉工艺

宋子春 主编 栗自斌 张士察 副主编

岳邦仁 主审

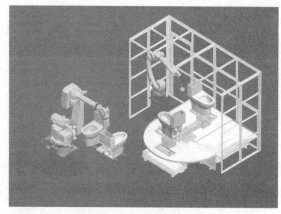

Glazing Technology
for Sanitary Ware Production

化学工业出版社

·北京·

内容简介

本书分为 4 章，介绍了卫生陶瓷釉料的配方、釉浆的加工工艺、釉及釉浆的性能要求与釉的质量检验标准；人工施釉设备与作业；机器人施釉设备与作业；施釉工序管理工作等。

本书可供从事卫生陶瓷生产的操作者、技术人员、管理者参考，也可供卫生陶瓷施釉工序人员职业培训及陶瓷专业的各类院校的教师和学生参考。

图书在版编目（CIP）数据

卫生陶瓷施釉工艺 / 宋子春主编；栗自斌，张士察副主编 . -- 北京：化学工业出版社，2025. 5. -- ISBN 978-7-122-47559-6

I . TQ174. 6

中国国家版本馆 CIP 数据核字第 2025YG7237 号

责任编辑：李仙华　吕佳丽　　　　　　　　文字编辑：徐　秀　师明远
责任校对：杜杏然　　　　　　　　　　　　装帧设计：张　辉

出版发行：化学工业出版社（北京市东城区青年湖南街 13 号　邮政编码 100011）
印　　装：三河市君旺印务有限公司
787mm×1092mm　1/16　印张 12¾　字数 314 千字　2025 年 5 月北京第 1 版第 1 次印刷

购书咨询：010-64518888　　　　　　　　　售后服务：010-64518899
网　　址：http://www.cip.com.cn
凡购买本书，如有缺损质量问题，本社销售中心负责调换。

定　　价：98.00 元　　　　　　　　　　　　　　　　版权所有　违者必究

本书编审委员会

编写人员名单

主　编：宋子春

副主编：粟自斌　张士察

参　编：杨长萍　章雪松　许文杰　赵宝东　赵建平

主　审：岳邦仁

前 言

　　陶瓷是中华文明的重要象征，中国现代建筑卫生陶瓷业的发展是中华陶瓷文明的延伸和智慧体现，中国建筑陶瓷与卫生洁具行业沐浴改革开放的春风，四十年来抓紧机遇、大步前行、蓬勃发展，我国卫生陶瓷生产技术水平、设备装备水平、产品款式与质量有了长足的进步，已成为世界最大的卫生陶瓷制造国、消费国和出口国。

　　本书结合中国建筑卫生陶瓷协会开展卫生陶瓷施釉工职业培训工作的需求，以卫生陶瓷施釉工艺为中心，介绍了釉料配方的基本要求、加工方法、化学成分与性能，釉的质量检验标准与釉及釉浆的质量要求；详细讲述了人工施釉方法中的人工喷釉橱施釉的设备与装置，施釉作业流程和施釉作业实例，以及循环施釉线的施釉工艺、设备构造、管理及运行；讲述了机器人施釉设备与装置、施釉作业流程、机器人单橱施釉设备及作业实例、机器人施釉工作站及作业实例、设备管理，并介绍了智能立体仓库；讲述了施釉工序管理工作，包括生产管理工作和质量管理工作；其中，总结了技术人员及生产实操人员长期从事卫生陶瓷生产工作的心得、体会。

　　本书的编写受到全行业的密切关注和期待，编写人员坚持全面性、系统性、实用性的原则，坚持高标准严要求，以饱满的热情，兢兢业业的态度，为本书付出了艰辛的劳动和智慧。

　　本书由惠达卫浴股份有限公司宋子春主编，航标（中国）控股有限公司栗自斌、中国建筑卫生陶瓷协会张士察副主编，北京金隅集团有限责任公司岳邦仁（已退休）主审。张士察、杨长萍编写第1章，宋子春、章雪松编写第2章，栗自斌、许文杰编写第3章，宋子春、赵宝东、赵建平编写第4章。

　　本书的编写过程得到中国陶瓷产业发展基金的支持，以及惠达卫浴股份有限公司、广东浪鲸智能卫浴有限公司、唐山贺祥智能科技股份有限公司、广东金马领科智能科技有限公司等单位的大力支持，编写组在走访调研过程中，得到了福建良瓷科技有限公司、厦门佳浴智能卫浴有限公司、潮州市建筑卫生陶瓷行业协会、广东恒洁卫浴有限公司、广东梦佳智能厨卫股份有限公司、广东安彼科技有限公司、广东统用卫浴设备有限公司、广东东姿卫浴科技有限公司、广东民洁卫浴有限公司、广东翔华科技股份有限公司、广东世冠威卫浴有限公司等单位的积极配合和支持，在这里一并表示感谢。

　　由于编者水平有限，书中难免有不当及疏漏之处，敬请读者批评指正，并请将使用中的问题和建议反馈至中国建筑卫生陶瓷协会，以便我们修订更正。

中国建筑卫生陶瓷协会

2024年12月

目 录

第1章
釉料的配方、釉浆的加工、釉的质量检验
标准与性能要求

施釉是卫生陶瓷生产中的重要工序，使用生料釉，在未烧成过的坯体上施釉后一起进行烧成（坯釉一次烧成），这是卫生陶瓷施釉工艺的特点。

施釉是将制好的釉浆均匀地喷（或浸，或涂）在干燥到一定程度的坯体上，经过高温烧成，釉熔着在坯体表面，形成一层类似玻璃体的有光泽、坚硬、不吸水的表面层，以满足卫生陶瓷产品使用功能的需要，同时具有一定的装饰性。

20世纪70年代以前，生产上采用人工浸釉（唐山地区俗称"玥釉"），釉浆的相对密度为1.60～1.65。70年代出现了人工喷釉工艺并逐步在全行业中推广应用，80年代，少数企业也曾尝试过静电施釉的方法。

人工喷釉采用二流体（压缩空气、釉浆）喷枪，喷在坯体上的釉浆附着力大，釉面也比较平整；喷釉操作在喷釉橱中进行，设有除尘装置；与人工浸釉相比，人工喷釉工艺提高了施釉质量，减少了施釉时产生的缺陷，明显减轻了施釉作业的劳动强度，改善了作业环境。

20世纪90年代，国内出现了循环施釉线、机器人施釉设备，21世纪初开始使用机器人施釉工作站，目前机器人施釉设备和机器人施釉工作站已得到广泛应用。

当前，卫生陶瓷生产中几乎全部使用锆乳浊釉，即白釉（俗称乳白釉），以下主要叙述锆乳浊釉。卫生陶瓷锆乳浊釉配方的基本特点为生料釉，以氧化硅、氧化铝、氧化钙、氧化镁、氧化钾、氧化钠、氧化锌为主要成分，以氧化锆为乳浊剂；制成釉浆，在干燥后的坯体表面施釉，然后进行烧成（即生坯和釉同时进行烧成）。在隧道窑、梭式窑或辊道窑中烧成，烧成温度约为1200℃（测温环温度），为氧化气氛，烧成时间一般不少于12h。

本章简要说明釉料的配方及釉浆的加工方法，同时叙述釉的质量检验标准与釉及釉浆的性能要求。

1.1 釉料的配方

1.1.1 釉料配方的基本要求

卫生陶瓷釉料配方的基本要求主要来自以下几个方面。

（1）使用功能的要求

卫生陶瓷在使用中，要经受刷洗工具和清洁剂的刷洗，有时还要受到热水的冲击，有的种类产品其釉面几乎每天要接触人体排出的污物，这就要求卫生陶瓷表面的这层釉不吸水，不透水；具有一定厚度，表面平滑，不易黏结污垢；具有一定的硬度和很好的耐磨性能、耐化学腐蚀性能、耐热冲击性能；釉面可以完全遮盖坯体的颜色，釉色均匀、莹润、美观；可以长期保持良好状态，釉面不会开裂或剥落。

（2）卫生陶瓷质量标准的要求

卫生陶瓷国家标准 GB/T 6952—2015《卫生陶瓷》中对卫生陶瓷釉的质量提出了以下要求：

① 对产品表面施釉范围的规定。

② 在产品外观缺陷中对釉面的要求。

③ 对产品釉面的色差要求。

④ 在抗裂性中对釉的要求。

在企业卫生陶瓷质量检验标准中，也包括对烧成后产品釉的质量、厚度的要求。相关内容详见本章 1.3.1。

（3）生产工艺的要求

釉浆在生产中的工艺流程是：釉浆原料按配方的比例称重后放入球磨中，加入一定数量的水和电解质进行磨制，在粒度达到要求后从球磨中放出，经过过筛除铁后存放于釉浆池中，对釉浆性能进行调制，合格后送到施釉工序进行坯体施釉作业，施釉是用喷枪将釉浆喷在干燥坯体的表面上，施釉后的坯体进入窑炉中烧成，即生坯和釉同时烧成。生产工艺要求釉浆配方具有一定的化学成分和化学稳定性、良好的釉浆性能及烧成性能，从而保证生产出合格的釉面，同时保持稳定的性能和较高的生产合格率。

（4）化学成分的要求

不加色料的锆乳浊釉是一种白色乳浊釉，组成中引入 $ZrSiO_4$（原料名称：硅酸锆、细磨锆英石）作为乳浊相成分，同时引入锌等辅助乳浊成分，能使入射光发生散射，从而遮盖坯体原有颜色，形成外观呈白色的有光釉。主要化学成分是：氧化硅、氧化铝、氧化钙、氧化镁、氧化钾、氧化钠、氧化锌、氧化锆，还有含量极少、原料中带入的杂质氧化铁和氧化钛。釉料配方中，这些化学成分由天然原料（天然矿物）和工业产品带入，需要注意的是，由于釉料配方要加水制成釉浆使用，所以不能使用水溶性的原料。

釉的原料组成成分及其作用如下：

① 氧化硅

a. 提高熔融温度或耐火度；

b. 减少熔融物流动性，增大黏度；

c. 降低热膨胀系数；

d. 增大釉的硬度和强度。

常用原料：石英、硅石、长石等。

② 氧化铝：含有适量的氧化铝成分是卫生陶瓷釉区别于玻璃的最显著的标志。它在釉中可显著增加高温黏性；含量过多或过少，都会使釉面失去光泽。

常用原料：工业氧化铝、高岭土、黏土、长石、叶蜡石等。

③ 氧化钙：能增加釉硬度和加强耐磨性及抗化学腐蚀能力；比碱金属更能增大抗拉强度，降低热膨胀系数，防止釉裂发生，含量过多时会析晶，使釉面失光。

常用原料：方解石、石灰石、碳酸钙、磷酸钙、硅灰石、氟化钙、萤石、氯化钙。

④ 氧化镁：在釉中对机械性能影响类似碱金属。但在低温釉中难熔，过多易出现无光，能增大釉的表面张力。

常用原料：白云石、滑石、碳酸镁。

⑤ 氧化钾：助熔作用，使釉面光亮，有乳浊性；熔融范围宽，高温黏度大。在配方的碱金属总量中，氧化钾的摩尔分数不低于50%为好。

常用原料：钾长石、碳酸钾。自然界中的钾长石中往往含有少量的钠长石。

⑥ 氧化钠：助熔作用强于氧化钾，熔融范围较窄；在碱金属中膨胀系数最大，会降低抗折强度和弹性模数。在配方的碱金属总量中，氧化钠的摩尔分数不高于30%为好。

常用矿物：钠长石、玻璃粉、硼砂、食盐、碳酸钠、硝酸钠、冰晶石。

用于釉料的碱金属类化合物氧化钠、氧化钾、（还有氧化锂）是强熔剂，能提高釉的流动性，提高光亮度。但同时它们又影响釉的机械性能、抗水化性能，所以用量要适度。

⑦ 氧化锌：助熔作用，使釉面光亮，有乳浊性；增加釉的高温黏性，使釉易于展开。它与其他碱性化合物相比，可增大釉的弹性模数，降低热膨胀系数，增大釉的强度，增大抗水化和抗化学腐蚀能力。使用过量时，会出现析晶，使釉面无光。

常用矿物：工业氧化锌，使用前必须煅烧，减少釉收缩，减少釉秃和针孔的缺陷。

⑧ 氧化锆：生成白色乳浊釉，大大提高釉面白度；不仅有很好的乳浊遮盖能力，同时还能增强釉面抗龟裂能力，提高釉的硬度和耐磨性。粒度越细，乳浊效果越好。

常用矿物：细磨锆英石（也称细磨锆英砂）。锆英石是天然矿物，主要成分是硅酸锆。

⑨ 杂质氧化铁和氧化钛：大部分为原料的各种矿物中含有的杂质矿物，氧化铁使烧成后的釉色变深，一些不容易磨制成细小颗粒的含铁矿物还会形成黑点；氧化钛使烧成后的釉色变深。氧化铁和氧化钛的含量越少越好。

⑩ 其他两种可供选用的氧化物：

a. 氧化锂：与钾、钠有相似作用。但同样重量百分比加入量时，能降低釉的热膨胀率，降低高温黏度，降低烧成温度。

常用矿物：锂云母、锂辉石、透锂长石、氟化锂等。

b. 磷的化合物：在釉中可降低高温黏度，有一定的乳浊作用，使用过多则易发生釉秃、针孔、无光的缺陷。

常用矿物：动物骨灰、磷灰石。

可以看出，许多矿物同时含有两种或三种氧化物。

⑪ 用于调节釉的烧成性能和釉烧成后呈色的两种添加物：

a. 熔块：根据釉料配方的不同，各企业会选择不同的熔块，熔块可提供熔融性能，调节釉面光泽及坯釉结合性。熔块不能含有 Pb、Ba 等对人体、环境有害的成分。

b. 色料：在锆乳浊釉中，为了调节釉的颜色，加入在烧成温度下能稳定发挥作用的色料，一般选用红色、蓝色、黄色 3 种色料，加入量为 0.1% 以下。

（5）釉浆性能的要求及添加剂

卫生陶瓷生产工艺对釉浆性能比较特殊的要求是浓度、流动性、悬浮性、干燥抗折强度、保水性、防腐性等。

卫生陶瓷生产中一般采用喷釉工艺进行施釉，要求釉浆的浓度比较高，以减少施釉时带入坯体的水分，同时具有较好的流动性，以适应喷釉工艺的要求。因此，釉料配方中要加入适量的解胶剂，同时选择原料时要避免使用易絮凝或不易解胶的原材料，如过量的膨润土、过量的羧甲基纤维素、过量的超细原料等。

喷釉操作时，一般要喷 3 至 4 遍，这就要求喷完第一遍后，喷在坯体上的釉浆中的水分渗入坯体中的速度不要太快，否则当下次喷釉时，会因水分过少形成夹层；釉浆中的水分渗入坯体中的速度也不能太慢，否则会产生流釉现象。釉浆中的水分渗入坯体中的性能称为保水性，控制好釉浆的保水性就可以使每次喷釉的釉面很好地结合，形成平整的釉面。常用 CMC（羧甲基纤维素）作为保水剂提高保水性。

釉浆中常用的添加剂有以下几种：

纯碱（碳酸钠）：作为解胶剂，纯碱在釉浆的磨制时，可以和其他配方原料一起加入球磨中，降低釉浆水分，提高釉浆浓度，降低釉浆黏度；在一些情况下，也可以在釉浆调制时加入。可以和 CMC 配合使用。

CMC（羧甲基纤维素钠，俗称纤维素）：CMC 同时具有悬浮剂、黏合剂、保水剂的作用，它也具有一定的稀释性能。可提升釉浆的悬浮性，避免釉浆沉淀，同时还起到保水剂和黏合剂的作用，可提高釉浆保水性和釉面强度，减少釉面剥落及开裂现象。CMC 应有稳定的黏性，加水易调成溶胶，无残渣，稀释后可直接投入釉浆中搅拌使用。企业可根据各自的生产工艺特点，选用合适的 CMC。

防腐剂：卫生陶瓷釉浆在使用前存放量较大，存放时间较长，在环境温度较高的条件下，尤其是夏季，容易出现发酵的现象，因此，卫生陶瓷釉浆中往往需要加入防腐剂。可选用食品用防腐剂，维持釉浆性能稳定，抑制釉浆中微生物的生长繁殖，避免微生物使釉浆性能产生波动。

（6）烧成性能的要求

由于卫生陶瓷的生釉和生坯同时一起烧成，烧成时，釉层覆盖坯体表面，其熔融过程和熔体的性质会影响坯体的成瓷过程，通常要求釉具有较高的始熔温度，以保证坯体内的残余气体能顺利排出，避免釉层中产生釉泡和针孔等缺陷。还要求釉的烧成温度低于坯体的烧成温度，使釉在坯体烧结温度下能够很好地铺展于坯体表面，形成平整光滑的釉面。

要求坯和釉的线膨胀系数要相适应，一般要求釉的线膨胀系数略小于坯体的线膨胀系数，使烧成后的产品釉层处于受压的状态，釉层不易开裂。通常要求釉的弹性及抗张强度高一些，有利于坯釉结合。

（7）选择原料、添加剂的要求

① 质量优先的原则。生产中，与坯用原料相比，釉用原料的用量较少，大约相当于坯

用原料的8%，但对产品的最终质量起着至关重要的作用，因此，在选择釉用原料、辅料时，将质量放在第一位，优先考虑釉用原料的质量及稳定性。

② 使用标准化原料。自20世纪90年代开始，釉用原料逐步实现了原料的标准化，除了细磨锆英石、工业氧化锌、工业氧化铝之外，天然原料也经过精选、破碎、细磨等加工，化学成分比较稳定，粒度达到制作釉浆时可直接加入球磨的要求，使釉用原料成为标准化原料。

③ 原料品种简洁化。由于釉用原料大多使用标准化原料，化学成分、粒度等十分稳定，釉浆配方可以做到原料品种简洁化，原料品种不要过多，每种原料选一个进料来源，从而减少了原料方面的工作量。

④ 经济性的要求。虽然有质量优先的原则，也要考虑尽量降低釉用原料的成本。在原料价格相同的情况下，可以比较有效成分的含量，比较相同添加量的情况下效果的差别，从而择优选用；尽量减少价格高的原料添加量；就近采购原料，尽量降低运输费用；有些釉用原料、辅料每个月的用量不大，加大一次采购量的数量，可以降低成本。

⑤ 安全环保的要求。注意不要使用对人体有伤害、对环境产生污染的原料、辅料。

（8）其他要求

① 研磨介质的选择。釉料的研磨设备与坯料研磨相同，都是使用球磨机，但釉料粒度要求更细，同时釉浆质量要求更高，尽量避免球磨时混入杂质，最好采用刚玉质或高铝质磨衬、磨球。

② 釉用原料的包装和运输。釉用原料的质量要求高，应采用袋装并确保防潮，工业氧化锌、工业氧化铝因粒度很细，选择包装材料时更要注意。原料入厂后，要采用封闭式储存，防止带入杂质。

③ 釉用原料入厂后的检验。釉用原料入厂后需要进行入厂检测，判定原料的质量是否合格，经过检测合格后再投入生产使用，有的原料还要先进行小型配方试验，合格后方可使用，避免因原料质量波动而带来产品质量波动及产生大量的产品质量缺陷。

1.1.2 釉料配方的化学成分与性能

由于行业中坯料配方的化学成分、矿物含量、烧成温度、烧成时间的差别不大，因此，行业中的釉料配方形成了比较固定的配方体系。

（1）配方化学成分

锆乳浊釉配方化学成分的摩尔分数大致范围如下：

RO_2：61%～65%；R_2O_3：5%～6%；$RO+R_2O$：30%～33%。

釉料配方化学成分百分比组成举例见表1-1。

表1-1 釉料配方化学成分百分比组成举例

化学成分	1号配方/%	2号配方/%	3号配方/%
SiO_2	50.86	59.50	54.79
Al_2O_3	7.05	8.00	10.06
Fe_2O_3	0.05	0.15	0.18

化学成分	1号配方/%	2号配方/%	3号配方/%
TiO_2	0.03	0.00	0.10
CaO	15.10	11.00	11.11
MgO	1.13	0.50	1.29
K_2O	3.95	2.50	1.98
Na_2O	0.86	1.00	0.35
SrO	—	—	0.10
BaO	—	—	0.05
ZnO	5.07	3.00	3.27
ZrO_2	7.10	6.50	6.94
烧失量	8.80	7.50	9.71
合计	100.00	99.65	99.97

（2）釉的配方实例

釉的配方实例见表1-2～表1-5。

① 简单型釉的配方表见表1-2。

表 1-2　简单型釉的配方表

序号	原料名称	1号配方添加量/%	2号配方添加量/%
1	钾长石	35.11	35.30
2	石英	19.11	18.90
3	方解石	24.89	25.00
4	白云石	4.97	5.00
5	氧化锌	5.24	5.20
6	硅酸锆	10.67	10.60
合计		99.99	100.00

② 含硅灰石釉的配方表见表1-3。

表 1-3　含硅灰石釉的配方表

序号	原料名称	添加量/%
1	钾长石	34.50
2	石英	21.30
3	方解石	15.00
4	白云石	5.60
5	氧化锌	5.80
6	硅灰石	5.80
7	硅酸锆	12.00
合计		100.00

③ 含氧化铝釉的配方表见表 1-4。

表 1-4　含氧化铝釉的配方表

序号	原料名称	添加量/%
1	钾长石	32.50
2	石英	21.30
3	氧化铝	2.20
4	方解石	15.50
5	白云石	5.60
6	氧化锌	5.90
7	硅酸锆	12.00
合计		95.00

④ 含高岭土、钠长石、熔块釉的配方表见表 1-5。

表 1-5　含高岭土、钠长石、熔块釉的配方表

序号	原料名称	1 号配方添加量/%	2 号配方添加量/%	3 号配方添加量/%
1	钾长石	33.76	34.10	10.00
2	石英	18.12	18.40	31.00
3	方解石	24.02	24.40	15.00
4	白云石	4.79	4.8	5.00
5	氧化锌	5.04	5.10	5.00
6	高岭土	2.14	2.20	2.00
7	硅酸锆	10.85	11.00	11.00
8	钠长石	—	—	15.00
9	熔块	1.28	1.50	6.00
合计		100	101.50	100.00

（3）各种原料的主要矿物成分

各种原料的主要矿物成分见表 1-6。

表 1-6　各种原料的主要矿物成分

序号	原料名称	主要矿物成分（化学式）	理论组成/%
1	钾长石	$K_2O \cdot Al_2O_3 \cdot 6SiO_2$	K_2O　16.9 Al_2O_3　18.3 SiO_2　64.8
2	钠长石	$Na_2O \cdot Al_2O_3 \cdot 6SiO_2$	Na_2O　11.8 Al_2O_3　19.4 SiO_2　68.8
3	石英	SiO_2	SiO_2　100

序号	原料名称	主要矿物成分（化学式）	理论组成/%
4	方解石	$CaCO_3(CaO \cdot CO_2)$	CaO 56 CO_2 44
5	白云石	$CaMg[CO_3]_2$ $(CaO \cdot MgO \cdot 2CO_2)$	CaO 30.4 MgO 21.9 CO_2 47.7
6	高岭土	高岭石：$Al_4Si_4O_{10}(OH)_8$ $(Al_2O_3 \cdot 2SiO_2 \cdot 2H_2O)$	SiO_2 46.54 Al_2O_3 39.50 H_2O 13.96
7	硅灰石	$Ca[SiO_3](CaO \cdot SiO_2)$	CaO 48.3 SiO_2 51.7
8	氧化铝	Al_2O_3	Al_2O_3 100
9	氧化锌	ZnO_2	ZnO_2 100
10	硅酸锆	$Zr[SiO_4](ZrO_2 \cdot SiO_2)$	ZrO_2 67.2 SiO_2 32.8

杂质：极少量含铁矿物、含钛矿物。

（4）釉浆的物理性能与烧成性能

为了提高施釉的质量和施釉作业效率，要对釉浆的物理性能提出一些要求，为了提高烧成中釉面及坯釉结合的质量，要对釉的烧成性能提出一些要求。

① 釉浆的物理性能。对釉浆的物理性能要求是为了保证釉浆在施釉时的质量，各生产企业对釉浆的物理性能要求的项目和指标不尽相同，一般包括：温度、浓度、水分、粒度（也称为细度）、黏性（也称为流动性）、屈服值、干燥速度、浸釉厚度、干燥抗折强度，这些性能有的影响施釉作业，有的影响釉在烧成中的状态和烧成后的结果，有的对两者都有影响，详见本章 1.3.2。

② 釉的烧成性能。对釉的烧成性能有一定的要求，一般包括：熔长、始熔点、烧成温度、流动温度、烧成范围、环收缩、明度、光泽、平整度、釉表面质量等，详见本章 1.3.3。

1.1.3 釉料配方的维护与改进

釉料配方的质量要求应在配方的设计阶段已经解决，釉料配方在生产中应不允许出现这些问题，因为一旦出现，将给生产全局造成很大的损失，在确保不出现这一类问题的基础上，釉料配方在生产中的维护主要有以下内容。

（1）原料变化的调整

① 化学成分变化的调整。定期（每月、每周）对生产釉进行化学分析，出现变化就要调整。利用摩尔百分百满足法，推导出须调整料种的重量百分配比。

② 矿物种类变化的调整。如石英料中混入了长石，就要减少长石的加入量。

③ 研磨前颗粒径变化的调整。例如当石英颗粒入磨变粗了的时候，长石、硅灰石、方解石、白云石等颗粒也要调粗，以满足颗粒级配的要求。

④ 料种硬度变化的调整。如正长石变成了斜长石，入磨粒度应变细，以满足颗粒级配

的要求。

（2）制釉工艺变化的调整

① 入磨前矿石加工设备变化的调整。例如3t磨改用5t磨，要进行配方调整，以满足化学成分要求。

② 研磨体内衬石变化的调整。例如硅石衬、硅石球换成了高铝的衬球时，须调整配方，以满足化学成分和颗粒级配的要求。

（3）电解质、悬浮剂的调整

① 电解质的调整。出磨时，如釉浆性能发生异常，要调整配方中电解质的加入量或种类。

② 悬浮剂的调整。有些企业会在球磨机中加入少量高岭土、膨润土、CMC等作为悬浮剂，如果出现釉浆出磨后的调制中性能难以调整的情况，就要调整配方中悬浮剂的种类或使用量。

（4）釉浆与青坯不匹配的调整

釉浆与青坯不匹配时，可通过调整釉浆粒度及电解质来改善釉面平整度与坯体结合程度，釉料中可适当添加稀释剂、黏结剂、保水剂、解胶剂，有时为保证釉浆性能稳定性会加入防腐剂及消泡剂，最常用的添加剂有羧甲基纤维素钠及解胶剂。

（5）釉色差的调整

釉出现色差，可以在釉中加入色料进行调整。色差调整是指白釉中出现的微小色差的调整，一般在配方中引入微量钒蓝，添加量约为0.05%，通过调整它的加入量，调整釉中出现的微小色差。

（6）釉料配方的改进

釉料配方也在不断地改进，较为突出的是易洁釉和抗菌釉。

① 易洁釉。制作一种在原有的普通乳浊釉上面再施一层的透明釉，烧成后使得釉面更加平整光滑，明显改善釉面结污现象，与普通锆乳浊釉的平滑釉面相比，这种釉可称为超平滑釉。各企业这种釉的名称不尽相同，在此称为易洁釉。易洁釉在本章1.4中叙述。

② 抗菌釉。在釉中加入抗菌剂，如Ti、Ag、Zn等金属离子，据说可以起到杀菌的作用，目前单独制作抗菌釉的比较少见，大多是在易洁釉中加入抗菌剂，使易洁釉兼有杀菌的功能。

1.2 釉浆的加工

1.2.1 釉用原料及添加剂的质量标准

（1）企业按原料入厂的质量标准选择釉用原料

质量标准的基本要求包括：外观、化学成分、矿物成分、粒度、水分、烧成呈色（1200℃烧成）、对釉面的影响程度等。矿物纯度越高、有害杂质越少的原料，价格越高。

以下为与卫生陶瓷釉用原料直接有关的一些国家标准和行业标准：

GB/T 14563—2020《高岭土及其试验方法》（其中的 TC-0 优级高岭土、TC-1 一级高岭土、TC-2 二级高岭土、TC-3 三级高岭土为陶瓷工业用高岭土）；GB/T 26742—2011《建筑卫生陶瓷用原料 粘土》；GB/T 3185—2016《氧化锌（间接法）》；HG/T 3927—2020《工业活性氧化铝》；JC/T 1094—2009《陶瓷用硅酸锆》；JC/T 535—2023《硅灰石》。

氧化铝、氧化锌为化工原料，硅酸锆为本行业的化工原料，已经是标准化原料，化学成分和粒度等质量指标已满足要求。

石英、钾长石、钠长石、方解石、白云石、滑石、硅灰石、高岭土等天然原料，使用量不大，按化学成分的要求选择，破碎入磨，企业对粒度的要求有 100 目、200 目、325 目，由于这些原料要进入球磨中磨制成釉浆，200 目的粒度就可以了，325 目的要求有些过高，也明显增加了原料粒度加工的难度。

长石矿比较紧缺，对矿石有两种加工方法：一种是原矿的质量要符合质量要求，只要破碎到规定的粒度，注意除铁即可。另一种是原矿中含石英等杂质较多，不符合质量要求，但可以通过浮选的方法提纯长石，使其达到质量的要求。

釉用原料在矿物成分、化学成分、粒度等质量指标方面可以说已经形成了相当程度的标准化原料。

企业要制定釉用原料的入厂质量标准。某企业釉用钾长石的入厂质量标准如下，供参考。

① 外观：

颜色：肉红色或浅白色；煅烧后为白色，无明显异色杂质。

形状：块状；料块直径 3～30cm，无微粉（由于粉料容易混入杂质，且无法挑出，因此选用块料，企业自己粉碎）。

② 水分：≤2%。

③ 化学成分见表 1-7。

表 1-7 钾长石化学成分要求

烧失量	SiO_2	Al_2O_3	$Fe_2O_3+TiO_2$	K_2O
≤1%	≤70%	≥15%	≤0.5%	≥9%

④ 熔融釉面质量检验：用该原料等量替代合格批次原料进行替代试验，烧成后釉面质量（光泽、针孔、熔长、异色斑点等熔融特性）合格，釉面总色差 $\Delta E<0.5$，目视和标准颜色样板无明显差别。

⑤ 其他

a. 供应商存放原料的场地必须为专用货场或库房，并保持场地清洁，保证无杂质混入；

b. 原料发货及运输途中，必须保证所用集装箱或车厢干净，无运输污染；

c. 原料到站后，必须保证站点存放地干净，原料不被杂质污染；

d. 产品发货包装上应有明确的料名、生产厂家、批次、批号等必要标识；

e. 在原料发货前应提前发送该产品样品，经本企业技术部检验确认合格后方可批量发货。

（2）添加剂的选择

企业按添加剂入厂的质量标准选择釉浆用添加剂，各企业使用的釉浆用添加剂的种类不尽相同，一般有纯碱、CMC、防腐剂等。

企业要制定釉浆用添加剂的入厂质量标准。某企业釉用CMC的入厂质量标准如下，供参考。

① 外观：

颜色：黄白色或白色；煅烧后残留物中无明显杂质。

形状：粉状，无结块。

② pH 值：7～9。

③ 黏度：与现生产所用合格批次同时制成 1% 的水溶液，按固定比例分别加入釉浆进行对比试验，流动性、屈服值、干燥速度要合格。

④ 铁杂质：CMC 的化学分析结果要求氧化铁含量小于 0.1%。

⑤ 水分：含水率≤6%。

⑥ 其他：同本小节（1）的⑤。

1.2.2 釉浆加工工艺流程及设备

（1）釉浆加工工艺流程

由固体原料按釉料配方的比例称重后放入球磨中，加入一定量的水和一定量的电解质进行混合与磨制，在细度达到要求后将釉浆从球磨中放出，经过过筛除铁后存放于釉浆池中。

釉浆加工工艺流程的实例如图 1-1 所示。

主要工艺参数　釉用原料入磨细度：200 目；釉浆磨制时间：22h；釉浆细度：350 筛余 0.1%～0.2%；釉浆相对密度：1.75～1.80；釉浆水分：约 34%。

（2）釉浆加工主要设备

某企业釉浆加工主要设备实例见表 1-8。

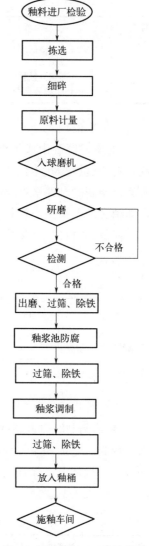

图 1-1　釉浆加工工艺流程图

表 1-8　釉浆加工主要设备表

序号	设备名称	规格	台(套)数	功率/kW
1	釉料球磨机	QMP-5T	12	45
2	釉料球磨机	QMP-2.5T	4	22
3	釉料球磨机	QMP-1.5T	4	15
4	釉料球磨机	QMP-0.5T	8	5.0
5	除铁器	HPXZJ3S-52	1	0.55
6	旋振筛	HXϕ1000	25	19.75
7	旋振筛	V-1200	25	33.75
8	旋振筛	V-1000	5	6

序号	设备名称	规格	台(套)数	功率/kW
9	旋振筛	V-1280	1	1.25
10	高速分散机 （用于釉浆调制）	$\phi 260,120\sim1400r/min$	2	7.5

（3）釉浆的调制

① 釉浆在磨制中或将磨制好的釉浆通过加入添加剂对釉浆的性能进行调节称为釉浆的调制，在 20 世纪 80 年代初开始在卫生陶瓷生产行业中使用，是改善釉浆性能的重要方法。没有经过调制的釉浆表现为相对密度小、流动性差、保水性差、强度低，白坯可存放时间短，喷釉后的釉面呈小颗粒状，用手轻轻蹭釉面，就会掉粉。

下面是 20 世纪 80 年代初一个加入 CMC 调制釉浆性能试验的实例，调制前后釉浆的性能变化见表 1-9。

表 1-9　CMC 调制釉浆性能的试验结果

类别	相对密度	流动性 （200mL）	保水性	抗折强度	白坯可存放时间 （确保釉面质量）	白坯釉面状态
调制前釉浆性能指标	1.48	1'30"	1'		24h	呈小颗粒状
调制后釉浆性能指标	1.60	2'35"	16'	提高了 1.7 倍	72h	平整

从表中可以看出，经调制后的釉浆性能有了很大的改善。

② 釉浆调制时需调整的釉浆性能项目。经过几十年的实践，釉浆的调制方法已经十分成熟，调制时，加入添加剂对釉浆的性能进行调节，同时对釉浆的相对密度进行微调，对釉浆的温度进行调节，保证送给施釉工序的釉浆各项性能符合要求。釉浆调制时需调整的釉浆性能项目见表 1-10。

表 1-10　釉浆调制时需调整的釉浆性能项目

序号	釉浆性能项目	单位	性能对施釉工艺的影响
1	温度	℃	影响釉浆的黏性
2	浓度	g/200mL	影响釉浆的黏性和吐出量
3	黏性（流动性）	s/200mL	影响吐出量
4	屈服值	dyn	影响釉浆的黏性和吐出量
5	干燥速度	min/5mL	影响第 1 遍喷釉和下一遍喷釉之间的间隔时间

注：$1dyn=10^{-5}N$。

③ 调制釉浆使用添加剂的实例。某企业调制釉浆使用的添加剂见表 1-11。

表 1-11　调制釉浆常用的添加剂

序号	添加剂名称	添加量	在釉浆中的作用
1	CMC	0.3%	在调制时加入。具有悬浮剂、黏合剂、保水剂的作用，也具有一定的稀释性能。可提升釉浆的悬浮性，避免釉浆沉淀，可提高釉浆保水性和釉面强度及釉面与坯体表面的粘接牢固度

序号	添加剂名称	添加量	在釉浆中的作用
2	纯碱	约 0.1%	纯碱对釉浆的性能影响很大，使用要慎重，只有在干燥速度无法调整时使用； 使用方法：加入大约 0.1% 的纯碱，进行充分的搅拌，保证其均匀
3	防腐剂	0.3% （分两次加入）	多在夏季时使用。抑制釉浆中微生物的生长繁殖，避免微生物使釉浆性能发生波动

④ 添加剂加入方法的实例。某企业添加剂加入方法见表 1-12，供参考。

表 1-12　添加剂的加入方法

序号	添加剂名称	添加方法	说明
1	CMC	①装磨时先加入 0.1% 的 CMC，与其他原料一起磨制。釉浆调制时，加入其余数量的 CMC，搅拌均匀，过筛、除铁，测定性能。 ②另一种方法是装磨时加入全部 CMC，与其他原料一起磨制。这样做可以使纤维素与釉浆混合均匀，但是可能出现釉浆出磨时的过筛速度较慢，也可能会有釉浆出磨时釉浆放不干净的现象	CMC 的稀释：提前一天用 20 倍的水浸泡后使用。如釉浆使用高速搅拌机可将不浸泡的 CMC 搅拌均匀，则 CMC 可直接加入
2	纯碱	在釉浆中加入大约 0.1% 的纯碱，进行充分的搅拌，保证其均匀	纯碱的稀释方法：预先用 20 倍的水溶解，过 200 目筛后使用
3	防腐剂	加入 0.1%，与原料一起加入球磨，另外 0.2% 与回收釉一起，进行搅拌均匀	防腐剂直接加入，不需要预先溶解

随着季节的变化，施釉车间对釉浆性状的要求也有所变化，添加剂的种类和添加量要做适当调整。

⑤ 调制作业装置及方法。下面是某企业调制作业装置及方法，供参考。

调制使用釉浆池（根据调制釉浆的量，也可以选择使用釉浆桶），放入釉浆为 3～5t。釉浆池设有搅拌机、排管，外部设有冷水机、热水供应装置。

釉浆浓度的调节：首先测定浓度，如浓度高，则加水后搅拌，如浓度低，则加回收釉后搅拌，然后测定浓度，直至合格。

添加剂的加入：从釉浆池中抽取一天使用量的釉浆放入釉浆池（或釉浆罐），加入一定量的添加剂，不停地搅拌，直至均匀。

釉浆温度的调节：釉浆的温度有一定要求，因此，要对釉浆的温度进行调节。当釉浆需要降低温度时（往往在夏季），由冷水机向排管中输送冷水，通过釉浆池（或釉浆罐）中搅拌机的搅拌，降低釉浆的温度，当釉浆的温度达到要求后，停止冷水机向排管中输送冷水。

当釉浆需要提高温度时（往往在冬季），由热水供应装置向排管中输送热水，通过釉浆池（或釉浆罐）中搅拌机的搅拌，提高釉浆的温度，当釉浆的温度达到要求后，停止热水供应装置向排管中输送热水。

黏性、屈服值、干燥速度等性能另行测定，符合要求后送到施釉工序中使用。如性能不合格，可调整 CMC 的加入量或调整釉料配方中的黏土的加入量进行调节。

调制后的釉浆要经过过筛、除铁。

（4）回收釉的使用

喷釉时釉浆的喷着率（即有效附着在坯体表面的釉浆占喷出釉浆的比例）约为 60%～

70%，其余30%～40%除一小部分飞散在空气中，被当作粉尘处理，大部分散落在喷釉橱的橱体和托架上，可以回收后使用，回收工作由喷釉现场的作业人员担当。

收集的回收釉及时送回原料车间进行重新调整，回收釉在送回原料车间后，按照比釉浆浓度略小的要求加入一定量的水分，搅拌均匀，过180目双层振动筛，高强磁铁除铁，烧样确认后，添加0.2%左右的CMC用高速分散机进行搅拌，持续搅拌约40min，将搅拌好的回收釉浆放入调制的釉浆池中，与出磨的釉浆按一定比例进行混合后一起调制。

施釉工序当日没有使用的剩余釉，要返回原料车间，经过调制后再使用。

1.3 釉的质量检验标准与釉及釉浆的质量要求

1.3.1 釉的质量检验标准

卫生陶瓷国家标准GB/T 6952—2015《卫生陶瓷》对卫生陶瓷釉的质量提出了一定的要求，各企业的卫生陶瓷质量检验标准中，也包括了对烧成后产品釉的质量要求。

（1）卫生陶瓷国家标准GB/T 6952—2015《卫生陶瓷》对卫生陶瓷釉的质量要求

① 对产品表面施釉范围的规定。釉面：除安装面（不包括炻陶质水箱）及下列所述外，所有裸露面和坐便器及蹲便器的排污管道内壁都应有釉层覆盖；釉面应与陶瓷坯体完美结合。

a. 坐便器和蹲便器：瓷质便器水箱背部与底部及内部、水箱盖底部和后部、蹲便器安装后排污水道外隐蔽面部分。

b. 洗面器：洗面器后边靠墙部分、溢流孔后部、台上盆底部、洗面器角位和立柱后部。

c. 净身器和洗手盆：正常位于非可见区域及隐蔽面。

d. 其他用于防止产品烧成变形的位于非可见面区域的支撑部件。

② 在产品外观缺陷中对釉面的要求。外观缺陷中包括对釉面的质量要求，见表1-13，其中对缩釉和缺釉的要求比较严格。

表1-13 卫生陶瓷外观缺陷最大允许范围（选自GB/T 6952—2015《卫生陶瓷》的表3）

缺陷名称	单位	洗净面	可见面	其他区域
开裂、坯裂	mm	不准许		不影响使用的允许修补
釉裂、棕眼	mm	不准许		
大釉泡、色斑、坑包	个	不准许		
针孔	个	总数2	1,总数5	
中釉泡、花斑	个	总数2	1,总数6	允许有不影响使用的缺陷
小釉泡、斑点	个	1,总数2	2,总数8	
波纹	mm²	≤2600		
缩釉、缺釉	mm²	不准许		
磕碰	mm²	不准许		20mm²以下2个

缺陷名称	单位	洗净面	可见面	其他区域
釉缕、桔釉、釉粘、坯粉、落脏、剥边、烟熏、麻面	—	不准许		—

注：1. 数字前无文字或符号时，表示一个标准面允许的缺陷数。
　　2. 0.5mm 以下的不密集针孔可不计。

③ 对产品釉面的色差要求。色差：一件产品或配套产品之间应无明显色差。

④ 在抗裂性中对釉的要求。抗裂性：经抗裂试验应无釉裂、无坯裂。抗裂性实际上是要求坯釉结合得好，能够一起耐温度变化的冲击。

（2）企业产品质量检验标准中有关釉的质量检验

① 现场质量检验工作：大部分烧成品釉面的质量检验内容是在产品质量检验工序现场的釉面外观检验中完成，其检验内容、检验标准、检验方法见表 1-14。

表 1-14　烧成品的釉面质量检验内容、检验标准、检验方法

序号	检验内容	检验标准	检验方法（含检验使用工器具）
1	釉面色差	无明显色差	按 GB/T 6952—2015 的 8.1.2 色差中规定执行：在产品表面的漫射光线至少为 1100lx 的光照条件下，距离产品约 2m 处，对水平放置的一件产品或集中水平放置的一套产品目测检查是否有明显色差
2	釉面外观	符合外观缺陷检验标准	依据检验标准，目测检验产品釉面外观，对于检验中出现的部分缺陷可按照各种自制的限度样板进行比对判定，如颜色、商标不良等（按缺陷的不同程度自制各等级的限度样板）
3	釉薄	符合外观缺陷检验标准	依据检验标准，目测检验产品釉面的釉薄、毛孔、波纹状的缺陷是否符合要求或使用对应缺陷的限度样板比对判定
4	毛孔		
5	波纹		
6	釉脏（异色斑点）	符合外观缺陷检验标准	依据检验标准，目测检验产品釉脏缺陷大小或使用斑点检测胶片卡比对判定。为确认斑点大小制作或购买透明的斑点检测胶片卡，通过与检测胶片上不同直径和宽度的对比，可以判断斑点的大小，使用时，将胶片放置在斑点的上面移动，由于检测胶片是透明的，就可以确定斑点的大小
7	釉裂	无釉裂	目测检验产品表面是否有釉裂缺陷
8	商标不良	清楚、无明显不良	目测检验商标是否有变形、污标及鲜明度不足等，有问题时比对相关的限度样板判定

② 实验室质量检验工作：一些烧成品釉的质量检验项目，要在实验室中进行，检验内容、检验标准、检验方法、检验频度见表 1-15。

表 1-15　实验室釉的质量检验内容、检验标准、检验方法、检验频度

序号	检验内容	检验标准	检验方法（含检验使用工器具）	检验频度
1	抗裂性（耐急冷急热）	GB/T 6952—2015《卫生陶瓷》	按该标准规定的检验方法	每周 1 次
2	釉层厚度	企业标准规定	在测定的烧成品规定位置砸取瓷片，用 10 倍刻度放大镜测瓷片的釉层断面厚度并记录（烧成后釉厚的要求见表后的说明）	每周 1 次

序号	检验内容	检验标准	检验方法（含检验使用工器具）	检验频度
3	釉面硬度	企业标准规定	维氏硬度检测方法：用一个相对面间夹角为136°的金刚石正棱锥体压头，在规定载荷 F 作用下压入被测试样表面，保持一定时间后卸除载荷，测量压痕对角线长度 d，进而计算出压痕表面积，最后求出压痕表面积上的平均压力	每月 1 次
4	明度	企业标准规定	使用色差仪先进行白板矫正，之后输入目标颜色，选择测试的产品需是带釉面的平面，进行测试，读取 L 值，与标准板进行比对	每日 1 次
5	放射性	GB 6566—2010《建筑材料放射性核素限量》	按该标准规定的检验方法	3 个月 1 次
6	耐腐蚀度	AS 1976—1992《Vitreous china used in sanitary appliances》	取 7 块带釉样片，每片表面积不小于(2000±50)mm²，取其中一块放入干燥器中，作为对照样品。将其余的六片分别放入六种腐蚀溶液中，遵循标准规定的不同的时间和温度的要求，测试每个样品的褪色和损蚀情况	3 个月 1 次
7	膨胀系数	QB/T 1321—2012《陶瓷材料平均线热膨胀系数测定方法》	将预制好的高度(15±1)mm，直径(5±1)mm 的圆柱体放置在测量仪器的支架上，保证接触良好无空隙，启动测量仪器，自动记录数据，并进行分析	两周 1 次

关于釉层厚度（釉厚）的说明：烧成后釉层厚度的下限是要遮盖住坯体的颜色，一些企业确定为 0.4mm。釉层厚度的上限是为产品中经常存水或经常有水流过的釉面确定的，较厚的釉层有利于釉面的清洗，一些企业确定为 0.8mm。釉层厚度如果过大，会提高釉浆的使用量，增加生产成本，在烧成中也容易出现釉面的缺陷。

③ 增加的质量检验项目实例：在企业的产品检验标准中，除上述卫生陶瓷国家标准 GB/T 6952—2015《卫生陶瓷》的要求外，还要增加一些生产现场的检验项目，某企业增加釉的质量检验项目实例见表 1-16。

表 1-16　增加釉的质量检验项目

序号	项目	检验内容	检验目的	检验方法	检验部门与频度
1	釉层厚度（白坯的釉厚）	确认喷釉产品（白坯）的不同部位的釉层厚度	喷釉后的产品，釉层厚度是否符合要求，避免出现釉薄、釉厚的缺陷	由喷釉作业人员使用废坯，进行正常的喷釉，之后将产品放置在指定处，用木锤在测定部位处取样，用 10 倍刻度放大镜测定釉层断面的厚度并记录	施釉车间；每班 1 次
2	水道灌釉	水道灌釉后的烧成品的内部管道的釉层厚度	烧成品釉层厚度是否符合要求	在测定用产品的规定位置砸取瓷片，用 10 倍刻度放大镜测瓷片的釉层断面厚度并记录	成品质量检验科；每班 1 次
3	圈下施釉	烧成后的便器产品的圈下施釉的状态	便器产品的圈下施釉是否符合要求	检验员使用小镜反照，以及用手触摸的方式，确认便器产品进行的圈下施釉是否符合标准的要求	成品质量检验科；全检
4	釉面吸污	烧成品釉面抗污能力	釉面抗污能力是否符合要求	使用碳素墨水，涂于釉层表面，之后使用干点的潮湿布将墨水擦除，目测釉层表面，以无残留聚集状黑色小点为合格	成品质量检验科；每班数件实验室；每月 1 次

序号	项目	检验内容	检验目的	检验方法	检验部门与频度
5	易洁釉的釉面光滑程度	烧成后的易洁釉的釉面光滑程度	易洁釉的釉面光滑程度是否符合要求	使用 HB 铅笔,固定铅笔尖端的直径和尖锐程度,在烧成品的易洁釉的釉面上以一定的力度进行多次划痕,观察划痕的深浅、粗细等和标准进行比对	成品质量检验科;每日抽查数件

1.3.2　釉浆的物理性能要求

（1）釉浆物理性能的定义、影响及调节方法

在釉浆物理性能中，有的影响施釉作业，有的影响釉在烧成中的性能，有的对两者都有影响。这些性能的定义、产生的影响、调节方法见表 1-17。

表 1-17　釉浆物理性能的定义、影响及调节方法

序号	性能	定义	对釉浆性能的影响	调节方法
1	温度	釉浆使用时的温度	温度过低,黏度过高,温度过高,黏度过低	降温或升温,使釉浆温度保持在一定范围内
2	浓度	一定体积釉浆的质量(以重量表示)	浓度过高,黏度过高,单位时间喷出釉浆(吐出量)量少,易造成波纹、堆釉、釉裂等缺陷;浓度低,黏度低,单位时间喷出釉浆(吐出量)量多,易造成流釉、滴釉、釉缕、擦薄等缺陷,如水分多,容易使坯体过湿	加入解胶剂,使釉浆浓度提高,黏度降低
3	水分	釉浆中的水分与釉浆重量的百分比	水分少,浓度过高,黏度过高;水分多,浓度低,黏度低,容易使坯体过湿	加入解胶剂,使釉浆浓度提高,水分降低
4	细度(粒度)	釉浆中的颗粒大小	粒度过细,釉浆干燥收缩快,釉坯的釉层易产生小裂纹,釉浆流动性变差,釉的熔融温度降低,釉面变得细腻,光泽提高;粒度过粗,须提高釉的烧成温度,釉面粗糙、抗污能力弱	控制釉浆的研磨时间,先检测细度,合格后再出磨
5	黏度(流动性)	一般以一定量的釉浆流出的时间表示	黏度过高,施釉时雾化的效果差,喷出的颗粒过大,烧后釉面容易形成波纹,容易造成局部釉面过厚,也会降低施釉时的吐出量;黏度低,施釉时容易造成流釉	解胶剂增量,可降低黏度;CMC 减量,可降低黏度
6	屈服值	屈服值为使釉浆流动所需的最小的剪应力,使用仪器测定	屈服值过高,施釉时釉浆在坯体表面展开困难,造成釉面不平,釉浆放置时容易"起脑";屈服值过小容易造成流釉	使用水、CMC 通过调整釉浆的浓度或黏度,调整其屈服值
7	干燥速度	测定釉浆的水分被坯体吸收的速度(即釉的保水性)	干燥速度过快,施釉后釉坯表面易产生气孔及白坯中包裹气泡,烧成品釉面易产生三明治釉(夹层)、针孔;干燥速度过慢,施釉后釉坯不易干,易流釉,降低施釉效率	提高 CMC 的添加量可降低干燥速度

续表

序号	性能	定义	对釉浆性能的影响	调节方法
8	浸釉厚度	测定一定时间内（如30s），釉浆在坯体表面吸附的厚度（即釉浆对坯体的附着速度，相当于泥浆的吃浆性能）	—	—
9	干燥抗折强度	使用仪器测量出的干釉棒的抗折强度	干燥抗折强度过低，釉坯表面易出现蹭釉缺陷，成瓷易出现滚釉缺陷	增加釉配方中黏土的添加量，或提高 CMC 的添加量可提高抗折强度

（2）釉浆物理性能的指标要求及测定方法

每个企业对釉浆物理性能的指标要求及测定方法不尽相同，某企业情况汇总的实例见表 1-18，供参考。

表 1-18　釉浆物理性能的指标要求及测试方法

序号	性能	单位	指标	测试方法
1	温度	℃	25±2	将釉浆放入试杯中充分搅拌，静置一分钟，用温度计测量温度，读数值为釉浆温度
2	浓度	g/200mL（200mL 釉浆的重量）	350~360	将准备好待用的 200mL 容量瓶，放在电子天平上称重后，设重量为零；将待测的釉浆倒入容量瓶中，使釉浆液面凹面与容量瓶 200mL 刻度线平齐，然后放置于天平上称重，读数为所测釉浆浓度
3	水分	%	34±1	将待测的 200mL 釉浆倒入已称重的器皿中，用电子天平称重，得到釉浆的重量，然后放置在烘箱中，烘干至 105℃温度下称重，再次称重，两次重量之差为釉浆中的水分，计算出其与釉浆的重量的百分比，为釉浆水分的数值
4	粒度（细度）	%（200mL 釉浆通过 350 目筛，筛上残渣干重占 200mL 釉浆中干料量的百分数）	0.1%~0.2%	①取 1 份 200mL 釉浆倒入已称重的器皿中，放置在烘箱中，烘干至在 105℃温度下恒重，用电子天平称重出完全干燥的釉浆的重量；②另取 1 份 200mL 釉浆缓缓倒入 350 目标准筛中，用水冲洗，冲洗时水流应平缓，并用手轻轻拍打筛圈，注意避免釉浆溅出筛外，直到筛面已无釉浆、流经筛底的水干净无杂色后，将筛面上的残渣收取至蒸发皿中，然后放置在烘箱中，烘干至在 105℃温度下恒重，用电子天平将蒸发皿内的残留物烘干称量；③计算残留物与 200mL 完全干燥的釉浆的重量百分比为釉浆粒度的数值
5	黏度（流动性）	s/200mL（200mL 釉浆从马里奥托管中流出所用的时间）	240±30	将使用的马里奥托管刷洗干净并干燥，将待测的釉浆充分搅拌；用食指堵住马里奥托管的上方气孔，向管里注满釉浆，盖上盖子并拧紧；将马里奥托管放置在专用架上，下方放好 250mL 的量桶，松开食指，同时用秒表开始计时，读取流出 200mL 釉浆时秒表记录的时间，该时间为釉浆的黏度
6	屈服值	dyn/cm²（屈服值为使釉浆流动所需的最小的剪应力，使用仪器测定）	15±4	使用旋转黏度计的 4♯转子，分别测出转速为 60r/min、30r/min、12r/min、6r/min 时的黏度值 a、b、c、d，然后通过计算机算出其屈服值

续表

序号	性能	单位	指标	测试方法
7	干燥速度	s	24±3	制作试验用方砖:用生产使用的泥浆注浆成形外形尺寸(长×宽×厚)为150mm×150mm×12mm的方砖并干燥,表面修理平整后备用。 将试验用方砖放在烘箱内,30℃恒温干燥后取出,其上放置内径为5cm、高为5mm的PVC圆环,用医用注射器(摘去针头)抽取5mL釉浆,较快地注入圆环内,使其均匀分布,同时用秒表开始计时;观察釉浆表面水膜,待水膜消失时读取秒表记录的时间,该时间为釉浆的干燥速度
8	干燥抗折强度	MPa	—	确定釉浆的调制内容时进行测定,生产需要时测定。使用釉浆通过注浆方法制成方形釉棒,完全干燥后测量其干燥抗折强度

注:1dyn=10^{-5}N。

由于气候的变化,尤其是温度和湿度的变化,釉浆的某些物理性能的指标要求在冬季和夏季略有差别。

(3)釉浆物理性能的测定频度及测定部门实例

某企业釉浆物理性能的测定频度及测定部门见表1-19,供参考。

表1-19 釉浆物理性能的测定频度及测定部门

序号	性能	测定频度	测定部门
1	温度	每班1次	原料车间、施釉车间
2	浓度	每班1次	原料车间、施釉车间
3	水分	每日1次	原料车间
4	粒度	每日1次	原料车间
5	黏度(流动性)	每班1次	原料车间、施釉车间
6	屈服值	每班1次	原料车间
7	干燥速度	每班1次	原料车间、施釉车间
8	干燥抗折强度	需要时测定	原料车间

1.3.3 釉的烧成性能要求

(1)釉的烧成性能定义、产生的影响及调节方法

釉的烧成性能定义、产生的影响及调节方法见表1-20。

表1-20 釉的烧成性能定义、影响及调节方法

序号	性能	定义	产生的影响	调节方法
1	熔长	釉料在烧成温度时的黏度	熔长短时,釉高温流动性差,釉面烧后不易流平,釉面易产生波纹;熔长过长时,会出现釉薄缺陷,易造成烧成中的流釉、堆釉,造成粘裂,甚至粘连垫板	调整釉浆配方、细度、烧成曲线

序号	性能	定义	产生的影响	调节方法
2	始熔温度	釉在烧成时开始出现液相的温度	始熔温度的高低,影响产品氧化阶段的各化合物分解效果,影响釉面的质量	通过调整釉浆的细度和配方中的熔剂原料的组成,找出合适的始熔温度
3	流动温度	釉在烧成中开始流动时的温度	流动温度太低,会影响坯体内挥发物质的排除,造成釉面针孔或气泡;流动温度太高会造成釉面不光滑,光泽差	调整配方中的熔剂原料的种类和含量
4	烧成温度	釉在烧成时熔融且平铺在坯体表面,形成光滑釉面的温度	影响釉面的平整度和光泽度	使配方中的熔剂含量和组成与烧成制度匹配
5	烧成范围	在此温度范围内,烧成后的釉面质量合格	烧成范围太窄,会给窑炉的温度控制带来很大的难度,略有波动,就会造成釉面质量的问题	调整配方原料的组成及化学成分的组成
6	环收缩	通过有釉收缩环在烧成前后内径尺寸的变化率,判断烧成中坯体和釉料是否相互匹配	环收缩过大,容易造成产品棱角部位的滚釉,还可能会造成产品变形;环收缩过小,容易造成釉面龟裂	调整坯釉原料的种类、加入量、坯体和釉料的膨胀系数、烧成温度、烧成收缩
7	明度	产品釉层表面的明度(L 值)	影响产品表面质量	保证釉层的厚度,保证锆英石等乳浊剂的质量和加入量,加入钠长石或熔块可提高明度
8	光泽	产品釉面在光照的情况下所展示的反光效果	影响产品表面质量	调整釉的烧成温度,窑炉控制标准化作业
9	平整度	产品表面在目测及手触摸的情况下表现的平整状况	影响产品表面质量	釉面的平整度与坯体的平整度、喷釉后釉面要的平整度及釉的熔长有关,要调整这三个方面
10	表面质量	产品的釉面波纹、毛孔、釉脏等	影响产品表面质量或造成废品	调整配方;提高喷釉质量;净化作用环境

（2）釉的烧成性能指标及测试方法

每个企业釉的烧成性能指标及测定方法不尽相同，某企业情况的汇总实例见表 1-21，供参考。

表 1-21　釉的烧成性能指标要求及测试方法

序号	性能	指标	测试方法
1	熔长	60～100mm	单位(5g)干燥圆柱状釉块放在倾角为 45°的坯体表面烧成后的流动长度
2	始熔温度	1110℃	圆柱形釉块 ϕ15mm×20mm 置于高温显微镜的高温炉中,当加热到圆柱体棱角变圆时的温度即为始熔温度
3	流动温度	1130℃	圆柱形釉块 ϕ15mm×20mm 置于高温显微镜的高温炉中,当加热到圆柱体变成原来高度的 1/3 时的温度即为流动温度
4	烧成温度	1190～1200℃	圆柱形釉块 ϕ15mm×20mm 置于高温显微镜的高温炉中,当加热到圆柱体变成原来高度的 1/2 时(半球状)的温度即为烧成温度
5	烧成范围	1185～1215℃	将上釉砖片放置在梯度炉中,依次变化烧成温度,测定釉面质量合格要求的最低和最高温度
6	环收缩	9%～13%	将标准的半圆环坯体,外侧施釉,并测量在烧成温度下烧成前后的开口尺寸,计算出环收缩的数值比例

续表

序号	性能	指标	测试方法
7	明度	91±1	使用分光光度计测量
8	光泽	(91±2)GU	取产品表面釉的平面部位的样片,样片大小不小于 100mm×100mm,使用光泽度测定仪测量
9	平整度	标准样片比对	如果是釉面出现类似波纹的现象,检验者将此部位与标准样片比对,进行目视判断;如果是产品表面平整度,需要按照企业或客户的标准进行测量判断
10	表面质量	企业检验标准	企业标准中的检验方法

（3）釉的烧成性能测定频度及测定部门实例

某企业釉的烧成性能测定频度及测定部门见表 1-22，供参考。

表 1-22 釉的烧成性能测定频度及测定部门

序号	性能	测定频度	测定部门
1	熔长	每日 1 次,有问题时追加确认	试验室
2	始熔温度	每月 1 次,有问题时追加确认	试验室
3	烧成温度	每周 1 次,有问题时追加确认	试验室
4	流动温度	每月 1 次,有问题时追加确认	试验室
5	烧成范围	每月 1 次,有问题时追加确认	试验室
6	环收缩	每日 1 次,有问题时追加确认	试验室
7	明度	每日 1 次,有问题时追加确认	试验室
8	光泽	每日 1 次,有问题时追加确认	品质管理部门
9	平整度	每日 1 次,有问题时追加次数	品质管理部门
10	表面质量	每日 1 次,有问题时追加确认	出厂质量检验部门

1.4 关于易洁釉

烧成后的产品锆乳浊釉的釉面在高倍显微镜下可以看到釉面粗糙、凹凸不平,如图 1-2 所示,造成此现象的原因主要是釉的表面存在残留石英颗粒及部分硅酸锆粒子。使用中,污垢容易嵌入其中,导致产品使用一段时间后会出现釉面结污的现象,釉面清洁工作的频率高。

易洁釉一般为以熔块为主的透明釉,釉料的始熔点明显比锆乳浊釉低,同时适当提高细度,也可以在透明釉料配方中加入一些纳米材料。在原有锆乳浊釉的上面再施一层易洁釉,烧成后使得釉面更加平整光滑,可以明显改善釉面结污现象,如图 1-3 所示。

（1）易洁釉的配方

以下为易洁釉的配方范围,供参考。

配方 1：长石 15%～20%,石英 17%～22%,熔块 55%～65%,纳米材料 1%～3%。

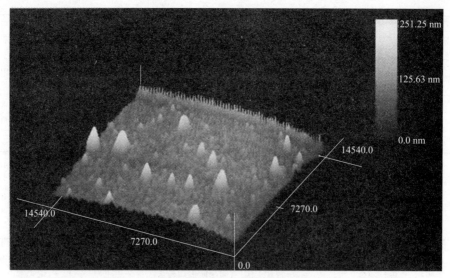

图 1-2　锆乳浊釉的釉面在高倍显微镜下的状态

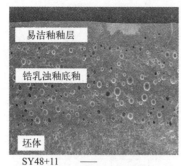

SY48+11　　——
20kV　100×　100μm　KYKY-2800　0#

图 1-3　易洁釉的釉面在
高倍显微镜下的状态

配方 2：熔块 80%，长石、石英、氧化锌、氧化铝等 20%。

（2）易洁釉表面光滑程度的判定方法

常用的有以下两种判定方法：

① 观察表面状态，易洁釉表面呈白色细小的晶状雪花，普通釉无晶花。

② 使用 HB 铅笔在釉面上划出痕迹，根据划痕的状态进行判断。

（3）喷易洁釉的产品及位置

洗面器、坐便器、小便器的洗净面如图 1-4 所示，即产品使用时，水流经过的表面部位。有些企业为了提高产品釉面的观感，将喷釉范围扩大到洗面器和坐便器的整个上表面。

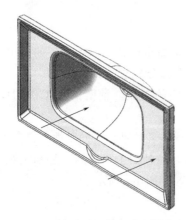

(a) 洗面器（包括喷上表面）

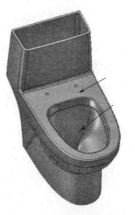

(b) 坐便器（包括喷上表面）

(c) 小便器（未喷上表面）

图 1-4　易洁釉喷涂部位示意图

（4）易洁釉的厚度

易洁釉在烧成后的厚度比较薄，为 0.1～0.2mm。

（5）易洁釉的性能与锆乳浊釉的不同之处

易洁釉的粒度、浓度、流动性、干燥速度、熔长与锆乳浊釉的要求有些不同，某企业的情况见表 1-23。

表 1-23　易洁釉与锆乳浊釉的性能不同点

类别	粒度/%（小于 $10\mu m$ 颗粒的百分数）	浓度 /(g/200mL)	流动性 V_0 /s	干燥速度 /(min/5mL)	熔长 /mm
锆乳浊釉	65±3	350～360	240±30	24±3	60～100
易洁釉	75±3	300～350	130±20	13±3	90～120

（6）易洁釉的加工

① 磨制：研磨方式同正常釉浆，但一些工艺参数略有不同。

② 调制：易洁釉的调整方式同普通釉，但一些工艺参数略有不同。

第2章
人工施釉设备与作业

　　卫生陶瓷的施釉可分人工施釉和机器人施釉，人工施釉又可分为人工喷釉橱施釉和循环施釉线施釉两种形式；采用的施釉方法是喷釉，即使用喷枪，利用压缩空气雾化釉浆，将釉浆喷到坯体表面，坯体很快地吸收釉浆中的水分形成较硬的釉浆附着层（釉层）。除喷釉方法之外，需要时还可采用一些辅助施釉方法。施釉方法见表2-1。

表 2-1　施釉方法

名称		作业方法	适用的产品与部位	釉浆相对密度	烧成品釉层厚度（釉厚）	作业注意事项
喷釉		使用喷枪，利用压缩空气雾化釉浆，将釉浆喷到坯体表面	喷枪可以喷到的部位	1.75～1.80	企业标准管控范围内；说明：烧成品的釉层厚度约为白坯釉层厚度的80%	注意控制施釉后釉层的厚度
辅助施釉方法	浸釉	将坯体浸在釉浆中，数秒后取出，完成坯体的施釉	小件产品	1.60～1.65	企业标准管控范围内	作业前搅拌釉浆，防止沉淀；注意控制施釉后釉层的厚度
	刷釉	用毛刷将釉浆刷在坯体表面上	便器坐圈下的布水孔面等喷釉困难之处	1.65～1.70	企业标准管控范围内	
	水道灌釉（水道挂釉）	向坐便器和蹲便器的排污管道及FFC材质的洗面器溢水道灌满釉浆，数秒后倾倒出釉浆，完成对管道内壁施釉	排污管道及溢水道内部	1.2～1.5	企业标准管控范围内；釉厚参考值约0.2mm	

2.1　人工喷釉橱施釉

　　人工喷釉橱施釉是施釉作业人员使用喷枪在喷釉橱内对坯体表面喷釉，需要相应的设备和装置，施釉现场要确认施釉条件进行施釉作业和施釉工序的管理等工作。

2.1.1　施釉设备与装置

　　人工喷釉橱施釉的设备与装置包括喷枪组合、喷釉橱、釉浆供应装置（供釉装置）、压缩空气供应装置（供气装置）、辅助设备，其构成和作用见表2-2。

表2-2　人工喷釉橱施釉的设备、装置的构成及作用

序号	名称	主要构成	作用	备注
1	喷枪组合	①喷枪	喷出雾化的釉浆	
		②供应釉浆软管	向喷枪供应釉浆	
		③供应压缩空气软管	向喷枪供应压缩空气	
2	喷釉橱	①橱体	喷釉作业间。可阻挡釉浆外溢，进行釉浆的回收；设有除尘装置	
		②喷釉转台(也称转台)	放置托架及坯体,可转动,使喷釉坯体各部位均匀施釉	
		③照明灯	使作业人员清晰观察喷釉状况	
		④离心风机	将喷釉橱内空气强行排出,并在橱内负压作用下,新的风从喷釉橱敞口处进入,置换橱内空气	
		⑤除尘装置	对喷釉形成的粉尘进行除尘处理	
3	釉浆供应装置	①釉浆桶供釉装置 a. 釉浆桶 b. 气动隔膜泵 c. 调压阀 d. 釉浆管路	a. 储存釉浆 b. 给釉浆加压 c. 控制输送釉浆的压力 d. 输送釉浆,与喷枪供釉软管连接	
		②釉浆压力罐供釉装置 a. 釉浆压力罐 b. 压缩空气管路 c. 釉浆管路	a. 储存釉浆 b. 供应压缩空气,用压缩空气对釉浆加压 c. 输送釉浆,与喷枪供釉软管连接	
4	压缩空气供应装置	①储气罐	储存、供应压缩空气	
		②调压阀	控制压缩空气的输出压力,进而调整釉浆雾化程度	
		③介质过滤器	净化压缩空气	
		④压缩空气管路	输送压缩空气至使用地点,包括与喷枪供气软管连接	
5	辅助设备	①吹尘橱 (橱体构造同喷釉橱)	坯体吹尘作业在吹尘橱中进行	

序号	名称	主要构成	作用	备注
5	辅助设备	②助力机械手	搬运青坯、白坯	选用
		③坐便器水道灌釉装置	用于坐便器水道灌釉作业	选用
		④擦底机	用于擦去喷釉后坐便器底面的残余釉	选用
		⑤激光打标机	用于烧成品的打商标作业	选用

（1）喷枪组合

人工喷釉一般选用口径为 2.5mm 的喷枪，喷枪重量 248g。

① 喷枪的构造：喷枪如图 2-1 所示，由不锈钢等不会生锈的材料制作的部件组成，其构造如图 2-2 所示。

图 2-1　喷枪

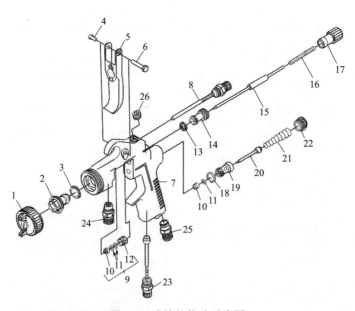

图 2-2　喷枪的构造示意图

1—气流喷嘴（气帽）；2—喷嘴；3，11，13，18—密封圈；4—扳机轴承螺钉；5—扳机；6—扳机轴承；7—枪体；8—调整阀；9—枪针密封件；10—套筒；12—密封螺钉；14—针筒；15—枪针；16，21—弹簧；17—流量调节阀；19—阀体；20—气阀；22—堵头；23—空气调节阀；24—釉浆接头；25—空气接头；26—连接头

② 喷枪各部件的作用见表 2-3。

表 2-3　喷枪各部件的作用

序号	部件名称	作用
1	气流喷嘴	将压缩空气导入釉浆,使釉浆雾化,形成圆锥体
2	喷嘴	①喷嘴中心孔,喷出釉浆,形成真空,促进釉浆导出; ②喷嘴侧孔,借助空气压力控制雾化形状; ③喷嘴上的辅助孔,促进釉料雾化(孔大而多则雾化能力强)
3	密封圈	密封作用
4	扳机轴承螺钉	固定扳机转轴部位的轴承
5	扳机	控制空气和釉浆的流量,当扣动扳机时最先开启压缩空气,然后带动顶针开启速度控制阀,使釉浆喷出
6	扳机轴承	辅助扳机转动
7	枪体	各功能部件、管路连接的载体
8	调整阀	控制釉浆喷出的雾化形状
9	枪针密封件	密封枪针
10	套筒	枪针安装承载件
11	密封圈	密封作用
12	密封螺钉	固定密封圈
13	密封圈	密封作用
14	针筒	枪针和弹簧组装的承载件
15	枪针	控制釉浆喷出的流量,喷釉时则通过扳机的操作进行控制
16	弹簧	枪针位置的复位
17	流量调节阀	调整图 2-2 中的 13～16 组成针阀的进退量,控制釉浆吐出量,全关时,即使扣动扳机也不会有釉浆流出,全开时,釉浆吐出量最大
18	密封圈	密封作用
19	阀体	气阀安装的支撑件
20	气阀	与图 2-2 中的 23 空气调节阀配合,控制压缩空气吐出量
21	弹簧	压缩空气枪针的复位
22	堵头	压缩空气调节组件的密封
23	空气调节阀	调节压缩空气的供给量
24	釉浆接头	釉浆软管接入口
25	空气接头	压缩空气软管接入口
26	连接头	枪体空气孔堵塞件

③ 喷枪的供釉、供气:喷枪使用时要连接供应釉浆和供应压缩空气的软管,如图 2-3 所示。

④ 喷枪的雾化原理:釉浆由喷枪喷嘴(图 2-2 中的 2)的中央送出,压缩空气通过气流喷嘴(图 2-2 中的 1)从喷枪前端的四周送出,压缩空气将釉浆形成雾状小颗粒;喷出的釉浆遇到从气流喷嘴上的小孔喷出的气流,气流从各个相对的侧面冲击釉浆流,釉浆被进一步雾化,形成近似圆锥体的雾状体喷出。近似圆锥体的雾状体俗称扇面,圆锥体的大小即扇面

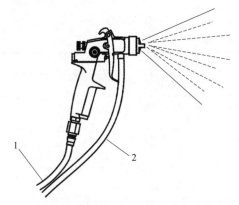

图 2-3　喷枪的供釉、供气示意图

1—压缩空气供应软管；2—釉浆供应软管

的大小可通过喷枪的调整阀（图 2-2 中的 8）进行调整。

枪距：喷枪的枪口至喷釉坯体表面的距离。

喷釉面：喷釉时，坯体表面形成釉面的面积，以直径表示。喷釉面的大小与扇面的大小和枪距有关。喷釉面的中间部分的釉面比较薄，外围部分的釉面比较厚。

（2）喷釉橱

喷釉橱由橱体、喷釉转台、照明灯、除尘装置等组成。设置一个喷釉转台的喷釉橱称为单工位喷釉橱，如图 2-4 所示。设置两个喷釉转台的称为双工位喷釉橱，三个喷釉转台的称为三工位喷釉橱，双工位、三工位比单工位的喷釉效率高一些。三工位喷釉橱如图 2-5 所示。

(a) 单工位喷釉橱

(b) 单工位喷釉橱喷釉中

图 2-4　单工位喷釉橱

图 2-5　三工位喷釉橱

水浴除尘式双工位喷釉橱如图 2-6 所示。施釉作业在喷釉橱内进行，第一个工位处于喷釉作业状态时，旁边的第二个工位已经搬入待喷釉的青坯，第一个工位喷釉完成后，作业人员即着手第二个工位上的青坯喷釉，待第一个工位上的白坯晾干到一定程度搬走后，再搬入下一个待喷釉的青坯，为喷釉做好准备。

① 技术参数：

内腔尺寸：（长×宽×高）2600mm×1755mm×1080mm；

除尘方式：水浴除尘式；

引风机型号：4-72-13；

引风机参数：最大流量 7419m^3/h，最大全压 2014Pa；

引风机电机：Y132S1-2，5.5kW，2900r/min；

橱体面速（橱体垂直面以九等分方式分别测量九个点的风速并取平均值）：0.6～1.0m/s；

外形尺寸：（长×宽×高）3110mm×2235mm×2990mm；

设备重量：695kg。

图 2-6　水浴除尘式双工位喷釉橱

② 设备构造：由双工位喷釉橱和双引风系统组成，为增强橱体强度，在吸尘室中间有一隔板，如图 2-7 所示。喷釉作业位于喷釉橱前部，呈半敞口形，作业时将坯体放在喷釉转台上喷釉，喷釉转台后面设有栅板。喷釉橱后部设吸尘室，中部用隔板隔开，由水幕板、蓄水槽、供水管、水箱、水泵及水循环管路等组成，引风设备位于喷釉橱后部的箱体顶部，由两套引风机和风机支座组成，吸引喷釉橱内的尘雾向后进入吸尘室进行除尘，这种除尘方式称为水浴除尘。

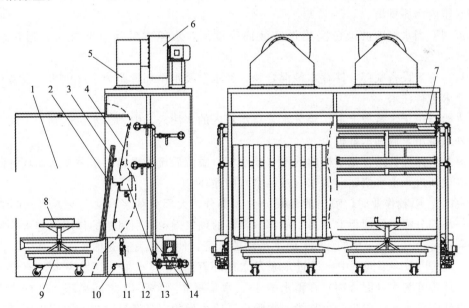

图 2-7　水浴除尘式双工位喷釉橱构造示意图

1—橱体；2—栅板；3—横担管，4—水幕板；5—风机集风口；6—引风机；7—分水管；8—喷釉转台；
9—接釉小车；10—排污阀；11—溢流阀；12—水箱；13—蓄水槽；14—水泵及水循环管路

橱体：由不锈钢板或 PVC 板等材料组装而成，是喷釉作业的半封闭空间，可防止喷釉时粉尘的扩散，顶部设置除尘装置吸风口。

栅板：位于喷釉方向正前方，喷釉时，大部分飞散的釉浆直接附着在栅板上，可以阻挡部分飞散的釉浆进入除尘管道,有利于釉浆的回收。

横担管:采用直径 32mm 不锈钢管制作,位于栅板、导流板背部,长度略小于橱体宽度,安装于橱体内侧壁固定的挂钩上,是栅板和导流板的背部支撑。

水幕板:位于栅板后面,分为上下两块。除尘风机开启后,水箱内的水通过水泵及水循环管路和分水管进入蓄水箱,当水幕板顶部的蓄水箱液位积存到一定程度后,水通过水幕板向下流动并形成水幕,使部分飞散的釉浆溶入其中。

风机集风口:与引风机进风口连接,在喷釉橱内形成一定负压,部分飞散的釉浆随集风口进入除尘管道。

引风机:固定安装在喷釉橱顶部,其进风口通过管道与喷釉橱连接,启动后使喷釉橱内形成负压,将喷釉产生的粉尘导流并除尘。

分水管:将水泵及水循环管路中的水按一定比例分别注入导流板上方的蓄水箱,在溢流后产生水帘,分水管共计两组,各自配备一个手动调节阀,用来调整上下两个蓄水箱的溢流水量。

喷釉转台:上边放置托架,托架上放置待喷釉坯体,作业中用手拨动转台旋转坯体,配合喷枪角度调整,使坯体各个部位可以得到均匀的釉面效果,减轻作业的劳动强度,提高喷釉效率。

接釉小车:喷釉过程中,从喷釉坯体或喷釉橱内壁等部位掉落(或流淌)的釉浆沿底部板材进入接釉小车,便于釉浆的回收。

排污阀:釉浆收集时,将排污阀打开使其进入指定容器,或在水箱清洗时,将排污阀打开,使水箱内污垢排出。

溢流阀:当水箱内的液位高出设定液面高度后,水箱内的水(或釉水)通过溢流阀排出。

水箱:位于设备底部,储存水釉混合物,经水泵及水循环管路为系统供水,设备启动前按水位要求进行注水。

蓄水槽:位于水幕板上方,经分水管将水箱内的水注入其中,当水位达到一定高度后经蓄水槽外沿溢出,流到水幕板上。

水泵及水循环管路:蓄水槽内的水(或水釉)溢流后流入水箱,水泵及水循环管路使水箱内的水重新进入蓄水槽,形成水(或釉水)的循环。

③除尘:喷釉作业时,喷出的釉浆分为 3 部分,大部分釉浆(60%~70%)附着在坯体上,一小部分喷射到栅板上,另一小部分悬浮的釉浆微粒在引风机的作用下进入喷釉橱后部,遇到水幕板(图 2-7 中的 4)上向下流动的水幕,使部分飞散的釉浆溶入其中,再流到水箱 12(见图 2-7,下同)中,通过水泵及水循环管路 14 使水釉(开始为水,随着作业中釉浆混入逐步变为水釉混合物)在蓄水槽 13、水幕板 4、水箱 12 之间循环,进行除尘,这种除尘方法俗称为水浴除尘,可称为一次除尘。除尘后的空气经过除尘室顶部出风口进入除尘器,再除尘(可称为二次除尘)后排出。

每班要将蓄水槽、水幕板、水箱的水釉混合物抽出,用清水清洗积釉。

水幕的调整方法见本章 2.2.3 下(2)的②。

除尘中形成的水釉混合物可以再利用,再利用方法一:过筛除铁后按一定比例加入新釉中进行调制,达到要求后使用;再利用方法二:将水釉混合物送入釉浆球磨机研磨后,按新制釉料工艺处理后以一定比例加入新釉中进行调制,达到要求后使用。

有的水浴除尘的做法是将喷釉后产生的含尘气体通入一个水槽中，在水槽中除尘后再进入除尘器。

④ 安装调试

a. 安装：喷釉橱安装时要求地面平整，安装区域内地面的水平度误差不得超过 5mm。喷釉橱外形尺寸较大，内部零件多为悬挂安装，为便于运输，部分零件须拆卸后运输到现场安装。喷釉橱就位后，安装次序依次为：引风系统、水循环管路系统、内部分水管、横担管导流板、溢流阀、排污阀。

引风机安装应注意在风机法兰连接处加橡胶垫，以达到密封和隔振效果；水循环管路系统、溢流管和分水管各法兰连接面均应加橡胶垫，以防漏水；横担管挂在内部箱体侧壁上的挂钩上，上部水幕板的上边沿折角挂在水槽外壁上的挂板上，下部水幕板的上边沿折角挂在水槽外壁挂板，下部靠在横担管上。

安装应确保各紧固件连接牢固，悬挂件放置可靠，水管路系统无漏水现象。排风管道由用户根据场地需要自行配置，建议圆管道直径不小于 450mm，方管道不小于 400mm×400mm。后排风管道不允许放置在风机机壳上，以免造成机壳变形。

b. 调试：全部安装完毕后进入调试阶段。

关闭水箱外侧壁下部的排污阀，打开溢流阀，向水箱内加水，水质应确保清洁，当水位达到溢流阀（有水溢出）时停止加水，关闭溢流阀。

打开水循环设备管路上的所有阀门，启动水泵。当水从导流板流下时，观察形成的水幕的流量是否均匀一致，否则应采用开闭阀门的方式进行调节。由于水泵供水量有一定的额定值，调整时要多个阀门协同调节，即流量较小的阀门开度变大的同时，流量较大的阀门开度相应地减小。

同时开启水循环设备和引风机，对水、气配合进行综合调试，以风量适中，并且抽出的风不会将设备内的水带出至引风机出口为最佳状态。

⑤ 使用与维护

a. 喷釉人员必须佩戴防护眼镜和防尘口罩。

b. 喷釉时，应使喷釉气流射向栅板，切勿偏离。

c. 每班工作前要先检查设备各部位连接状况，合格后方可进行作业。

d. 引风设备和水循环设备正常运行，后部检查门完全关闭方可进行喷釉作业。

e. 避免将团状、絮状物体吸入到吸尘室，以免造成水循环管路阻塞。

f. 水循环设备的阀门在使用过程中可能会有调整，但调整完毕后不要随意变动。

g. 水箱内的沉淀物要定期进行清理。清理方法：打开排污阀门，搅动沉淀物随同水一起排出，然后更换清洁水。

h. 定期对沾有釉浆和釉水混合物的部位进行清理。

i. 定期对设备，尤其是管道连接处进行检查，排除故障，使设备始终处于良好的工作状态。

（3）釉浆供应装置

釉浆供应装置有釉浆桶供釉装置和釉浆压力罐供釉装置两种形式。

① 釉浆桶供釉装置：由釉浆桶、供釉管、手动阀门、喷枪供釉软管、喷枪、隔膜泵、气源三联件等组成，如图 2-8 所示。

釉浆桶：储存当日喷釉用釉料，釉浆桶使用玻璃钢或不锈钢材料制成，釉浆桶的体积根

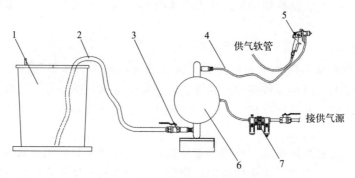

图 2-8　釉浆桶供釉装置示意图

1—釉浆桶；2—供釉管；3—手动阀门；4—喷枪供釉软管；5—喷枪；6—隔膜泵；7—气源三联件

据釉浆使用量确定，顶部有盖，防止落入异物。调制好的釉浆由输送管路或运输工具送入储浆桶。

供釉管：供釉管将釉浆桶内釉浆与气动隔膜泵入口联通，通过气动隔膜泵将釉浆输送至喷枪进行喷釉作业；为防止异物进入供釉管，可在管道入口部位包裹 60～80 目不锈钢或尼龙过滤筛网。

手动阀门：采用不锈钢材质，喷釉结束后关闭此阀门。

喷枪供釉软管：采用柔性塑料编织管，连接气动隔膜泵出口和喷枪釉浆注入口，在气动隔膜泵作用下将釉浆从喷枪喷嘴喷出。

喷枪：通过压缩空气雾化釉浆的手动喷轴工具。

隔膜泵：一般采用 DN15 或 DN20 规格，材质为不锈钢或工程塑料。

气源三联件：由空气过滤器、减压阀和油雾器三部分组成，其作用是将压缩空气中的水和固体颗粒分离净化，再将压缩空气调整到自动喷枪需要的压力，油雾器是将空气进行雾化润滑，然后输送至气动隔膜泵，并对隔膜泵起到润滑作用，延长使用寿命。

② 釉浆搅拌储存罐：可以替代上述的浆桶供釉装置中的釉浆桶，这种设备在储存泥浆时中也可以使用。

釉浆搅拌储存罐安装有搅拌桨叶，开动时可以搅拌储存的釉浆，使储存在罐中的釉浆始终处于良好的悬浮状态，可以较长时间地储存釉浆。

a. 技术参数：

电机减速机组：

电机型号：Y100L2-4，3kW，1420r/min，减速机型号：XLD3-5-59 速比 $i=59$；

搅拌桨叶旋转直径：ϕ1450mm；

搅拌轴转速：23r/min；

罐的直径：ϕ1800mm；

罐的深度：1500mm；

有效容积：2.5m^3。

b. 设备构造：釉浆搅拌储存罐是由电机减速机组、罐体、搅拌总成、进浆口、出浆口、支架、液位镜、爬梯等组成，如图 2-9 所示。

减速机经联轴器、传动轴将动力直接传递给搅拌桨叶，使搅拌桨叶以 23r/min 的转速对釉浆进行搅拌。在搅拌过程中，可随时通过液位镜观测罐体中的釉浆高度及状态。

电机减速机组：由电机、减速机、减速基座组成，并与搅拌总成采用"轴-键"连接方式，减速基座安装于罐体上方支撑骨架，电机和减速机与减速基座固定连接。

进浆口：设置于罐体侧壁靠近罐口位置，用于釉浆的注入，由于罐体内上浆时会出现气泡，为消除气泡，要待罐内釉浆搅拌一段时间后再使用。

罐体：采用不锈钢材质焊接制成，罐底厚度5mm，罐壁厚度3mm；罐体外围设置罐箍、加强筋及支座，罐箍采用6.3♯槽钢弯制成圆形，内径与罐体外径吻合，并与罐底、罐口固定连接，加强筋位于上下罐箍之间，采用角钢50mm×50mm×5mm焊接连接，保证罐体承压强度。

搅拌总成：包括搅拌轴、联轴器、轴承、搅拌桨叶等，用于罐体内釉浆的搅拌，防止浆料颗粒沉淀，消除气泡。

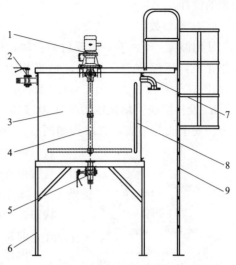

图2-9 釉浆搅拌储存罐构造示意图
1—电机减速机组；2—进浆口；3—罐体；4—搅拌总成；5—出浆口；6—支架；7—溢流口；8—液位镜；9—爬梯

出浆口：用于罐体内的釉浆排放，位于罐体底部最低点，在对罐内进行清扫时可起到排渣的作用。

支架：罐体支撑，采用方管120mm×120mm×5mm和10♯槽钢焊接制成。

溢流口：限定罐体内釉浆的高度，当釉浆液位超过溢流口高度时，釉浆从溢流口排出，保护减速机安装基座部位的轴承等传动机构。

液位镜：用于观察罐体内釉浆的高度，由有机玻璃管组成，玻璃管上下两端与罐体内壁相通。

爬梯：用于罐体顶部电机减速机点检、维护，以及罐体内清理时使用。由镀锌管焊接制成，距地2m以上部位设置半圆形防护栏。

c. 使用注意事项：

• 搅拌叶与搅拌轴固定牢固，保证搅拌轴端的固定座与搅拌轴中心对正，轴端耐磨套与固定座的间隙一致。

• 试运转前要确认减速机油位是否在油标中心或以上，开启电源点动搅拌机，判断搅拌轴旋向是否正确，正确的方向为旋转时搅拌叶的顶部向前旋转，如果相反应立即改正。磨合运转后再慢慢加载负荷。

• 试运转期间要检查机器各部是否异常，有异常应及时排除。

• 轴承部位要保证有足够的润滑油脂，从传动轴座上轴承压盖的黄油杯加注钙基润滑脂，每周检查1～2次并添加润滑油脂。

• 减速机工作1000h必须更换一次齿轮油（85W/90 GL-5级）。

③釉浆压力罐供釉装置：釉浆压力罐是一种压力容器，既储存釉浆又用压力罐体内的压缩空气为喷釉输送釉浆。

工作原理：压缩空气通过进气阀和导流管进入存有釉浆的压力罐，釉浆在压力作用下，通过出釉口和输送管道输送至喷枪；压缩空气通过导流管由压力罐底部进入，有助于罐体内釉浆的搅拌。

a. 技术参数:

使用温度:<80℃;主要材质:304 不锈钢;有效容积:0.9m³;工作压力:≤0.4MPa;工作介质:压缩空气、釉浆;釉浆相对密度:≤1.8;设计压力:1.25MPa;试水压力:1.4MPa;外观尺寸:φ1016mm×1800mm。

b. 设备组成:釉浆压力罐是由罐体、进浆口、出浆口、液位计、进气口、排气口、压力表、安全阀等组成,其结构如图 2-10 所示。

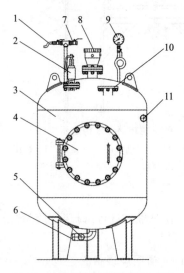

图 2-10 釉浆压力罐构造示意图

1—进气口;2—安全阀;3—罐体;
4—检修口;5—排污口;6—出浆
口;7—排气口;8—液位计;
9—压力表;10—备用孔;
11—进浆口

进气口:通过手动阀门、电磁阀、调压阀与压缩空气供气管道连接,用于对罐内釉浆进行加压和搅拌。

安全阀:安全阀是一种开关阀,受外力作用下处于常闭状态,当罐体内的压缩空气压力超过设定值时,安全阀打开,向罐外排放气体,确保罐体处于安全的压力状态。

罐体:采用不锈钢厚板(厚度为 10mm)焊接制成;组装后进行 0.6MPa 压缩空气密封压力试验,试验时间 1h,不得有任何渗漏现象。

检修口:材质与罐体相同,用于罐体内部清理时使用,开孔尺寸 φ400mm,采用密封垫和螺栓形式保证使用过程中的气密性,符合 HG/T 21517—2014 标准。

排污口:规格 DN80,排污口安装手动蝶阀,用于罐体内部清洗时污水的排出,位于罐体底部最低处。

出浆口:位于罐体底部,规格 DN80,用于加压后的釉浆排出,出浆口安装手动蝶阀、气动蝶阀,通过管道输送釉浆至喷枪。

排气口:位于罐体顶部,安装阀门,用于罐体内灌入釉浆时气体的排出和作业结束后罐内压力的释放。

液位计:采用雷达液面物位计,用于罐体内釉浆液位的指示并将信号传输给 PLC,保证罐内釉浆及时得到补充。液位控制有多种方式,也可采用液位探针方式。

压力表:采用 I 型压力表(φ100mm,0~1.6MPa),用于罐体内压力的指示,压力表与罐体连接中间部位安装手动阀门,维护时使用。

备用孔:常闭状态,为功能扩展预留孔,可在清理罐内时使用。

进浆口:规格 DN80,通过法兰、手动蝶阀、气动蝶阀与供釉管道连接,用于罐体内釉浆的注入。

c. 压力罐供釉装置及供釉作业:压力罐供釉装置如图 2-11 所示。

气源处理组件:由阀门、油水分离器、减压阀、空气过滤器组成。外部气源连接至气源处理组件端部的阀门。

供气连接管:一端与气源处理组件末端连接,另一端与图 2-11 的进气口 1 连接。

供釉管:将外部的釉浆输送至图 2-11 的进浆口 11。

喷枪:通过压缩空气雾化釉浆的手动喷釉工具。

喷枪供气管:将外部的压缩空气连接至喷枪,为喷枪供应压缩空气。

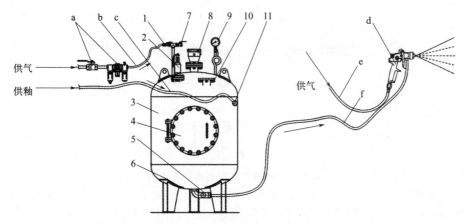

图 2-11　压力罐供釉装置示意图

1—进气口；2—安全阀；3—罐体；4—检修口；5—排污口；6—出浆口；7—排气口；8—液位计；9—压力表；
10—备用孔；11—进浆口；a—气源处理组件；b—供气连接管；c—供釉管；d—喷枪；
e—喷枪供气管；f—喷枪供釉管

喷枪供釉管：一端与图 2-11 的出浆口 6 连接，另一端与喷枪连接，为喷枪供釉。

供釉作业（参见图 2-11）：将气源处理组件 a、供连接气管 b、供釉管 c、喷枪 d、喷枪供气管 e、喷枪供釉管 f 完成连接后进行以下作业：

- 打开排气口 7 处和进浆口 11 处的阀门，釉浆通过进浆口 11 注入罐内；
- 液位计 8 检测釉浆达到设定高度后，进浆口 11 处的阀门关闭；
- 关闭排气口 7 处的阀门；
- 调整气源处理组件 a 中的减压阀，将压力设定为预定值（实例：0.1MP），进气口 1 处的阀门打开，逐步调整调压阀，使压力稳定在预定值；
- 打开出浆口 6 处的阀门，调整喷枪 d 的釉浆雾化状态，合格后开始喷釉作业；
- 喷釉作业中间休息时，打开排气口 7 处的阀门，卸掉罐内空气压力；
- 喷釉作业完成后，将罐内剩余釉浆排出，以免釉浆堆积，堵塞出釉口。

d. 使用注意事项：釉浆压力罐属于压力容器，必须遵守操作规程，操作注意事项如下。

- 确认施釉压力罐外观有无磕碰、划伤痕迹；
- 检查各管路、阀门、检修口密封状态，螺栓紧固状态是否良好；
- 安全阀压力设定是否在允许范围内；
- 长时间停止使用时，要将罐内釉浆清理干净，以免釉浆沉淀。

（4）压缩空气供应装置

压缩空气供应装置由空气处理元件组成，主要包括油水分离器、空气过滤器、减压阀、油雾器等，如图 2-12 所示。根据实际需要，压缩空气管路可分为气动隔膜泵、釉浆加压罐供应气路和喷枪雾化气路。

① 气动隔膜泵、釉浆加压罐供应气路：压缩空气经调压过滤器供给控制气路，用于驱动供釉气动隔膜泵或釉浆加压罐，实现釉浆加压并输送至喷枪。为提高隔膜泵使用寿命，在控制气路中设置有自动给油器，若采用压力罐供釉方式，此给油器必须取消，否则污染釉浆。

② 喷枪雾化气路：气路中设置气源三联件，过滤压缩空气，设置调压阀，调整供气压力，为喷枪供气。

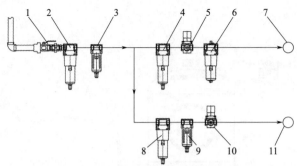

图 2-12　压缩空气管路构造示意图

1—压缩空气接入阀门；2—油水分离器；3—空气过滤器（1）；4—空气过滤器（2）；5—减压阀（1）；
6—油雾器；7—气动隔膜泵、釉浆加压罐空气接入口；8—空气过滤器（3）；9—油水分离器；
10—减压阀（2）；11—喷枪雾化空气接入口

（5）辅助设备

辅助设备包括吹尘橱、助力机械手、坐便器水道灌釉装置、擦底机、激光打标机。

① 吹尘橱：坯体吹尘作业在吹尘橱中进行。橱体构造与喷釉橱相同，设置有压缩空气的用气点，设有湿式除尘器。

② 助力机械手：助力机械手，又称机械手、平衡吊、平衡助力器、手动移载机，用于工件搬运的助力设备。助力机械手有多种构造，其中，吊装式助力机械手和立柱式助力机械手如图 2-13 和图 2-14 所示。该设备应用力的平衡原理，使作业人员对工件进行相应的推拉，可在空间内平衡移动定位；工件在提升或下降时形成悬浮状态，使用较小的力量即可驱动工件；驱动力可根据工件的重量对气路平衡阀进行调整，达到最大省力化。

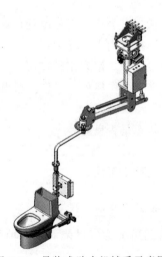

图 2-13　吊装式助力机械手示意图

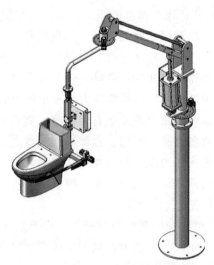

图 2-14　立柱式助力机械手示意图

在施釉工序，将青坯搬运至喷釉位置，将喷釉后的白坯由喷釉位置移出时，可使用助力机械手，拿取方式分别为两侧夹抱式和插底式，根据需要选择。

a. 技术参数（某型号助力机械手）：

气源气压：0.5～0.6MPa；最大提升高度差：1.2m；最大回转半径：1.9m；额定负

载：≤100kg。

b. 设备构造：助力机械手主要由平衡吊主机、抓取夹具（或机械手）及安装结构三部分组成。

- 平衡吊主机实现工件在空中处于悬动状态；
- 抓取夹具实现工件抓取并完成相应搬运要求；
- 安装结构是根据使用时的服务区域及现场状况的要求，支撑整套设备的结构。

③ 坐便器水道灌釉装置：用于坐便器的水道灌釉作业，采用不锈钢叶轮离心泵（或气动隔膜泵）供釉方式，可使灌釉时间缩短到 15s 以内。灌釉后管道内壁表面无气泡、无波纹，分布均匀光滑，釉浆可循环使用。

a. 技术参数：

设备功率：0.25kW；气源压力：≥0.4MPa（采用气动隔膜泵时需用压缩空气）；外形尺寸：（长×宽×高）1200mm×750mm×640mm；设备重量：约 150kg。

b. 设备构造：主要由机架、釉浆泵、釉浆桶、供釉、回釉管路等构成，其构造如图 2-15 所示。

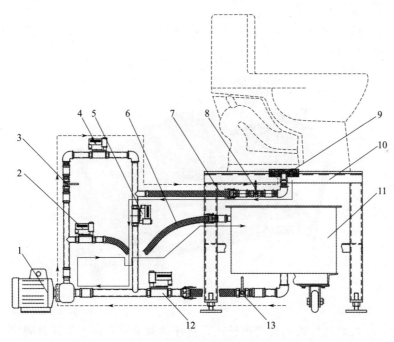

图 2-15 坐便器水道灌釉装置构造示意图

（图中带箭头的虚线显示供釉管路，带箭头的实线显示回釉管路）

1—釉浆泵；2—回釉电磁阀 1；3—泵出口手阀；4、12—供釉电磁阀；5—回釉电磁阀 2；6—回釉管；
7—进出釉管；8—进出釉手阀；9—灌釉压板；10—机架；11—釉浆桶；13—供釉手阀

机架：由方管组焊制作，用于工件（坯体）承载和供釉、回釉管路敷设；机架下方预留釉浆桶放置空间和进出通道。

釉浆泵：采用不锈钢叶轮离心泵或气动隔膜泵为釉浆输送提供动力，灌釉时，将釉浆桶内的釉浆输送至坐便器水道弯管内，回釉时，将坐便器水道弯管内釉浆快速输送回釉浆桶。

釉浆桶：采用不锈钢或玻璃钢材质制作，置于机架下方，用于盛放釉浆及接收回釉，釉浆循环使用。

供釉、回釉管路：采用钢丝软管、不锈钢管连接制成，通过串联其中的隔膜泵、电磁阀实现釉浆的供给和回收，电磁阀开与关的状态切换分别实现供釉和回釉功能。

c. 作业方法（图 2-15）：

• 釉浆桶 11 装满釉之后，用运桶车运送到机架 10 的下方；将回釉管 6、供釉电磁阀 12 相邻的不锈钢钢丝软管分别与釉浆桶回釉口、出釉口连接；

• 将坐便器排水口对准灌釉压板 9 并压实，启动灌釉按钮，回釉电磁阀 2、回釉电磁阀 5 关闭，回釉通路关闭；釉浆泵 1 开启，供釉电磁阀 12、供釉电磁阀 4 开启，这时灌釉通路打开，开始灌釉，灌釉作业时间为 4s（时间依坯釉性能、釉厚要求设定）；

• 4s 后，釉浆泵 1 停止，供釉电磁阀 12、泵出口手阀 3 自动关闭，同时回釉电磁阀 2、回釉电磁阀 5 自动开启，釉浆泵 1 启动，回釉通路打开，灌釉通路关闭，回釉时间保持 3s（时间依釉浆性能设定）；

• 3s 后，釉浆泵 1 关闭，所有电磁阀关闭，设备处于停机状态，作业人员擦去坐便器上的残留釉，管道灌釉作业完成。

④ 擦底机：擦底机用于喷釉后坐便器底部残留釉浆的擦拭，如图 2-16 所示。此设备也用于干燥坯体底部的打磨。

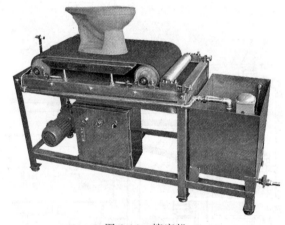

图 2-16　擦底机

工作原理：电机减速机带动辊筒组转动，将坯体放置擦底机上并相对固定，擦坯皮带与白坯底部产生摩擦，擦去白坯底部的残留釉浆；擦坯皮带配套设置有供水装置和除水装置，擦坯皮带与坯体底部摩擦后经下方喷水装置进行清洗，并经两根托辊挤压后除水。

固定坯体方式有三种：第一种是人工抱住坯体置于擦底机上，使坯体底部与擦坯皮带产生摩擦；第二种是用助力机械手夹抱坯体置于擦底机上，使坯体底部与擦坯皮带产生摩擦；第三种是坯体移动至擦底机上，利用擦坯皮带末端位置上的阻挡装置挡住坯体向皮带旋转方向的运动，使坯体底部与擦坯皮带产生摩擦。第三种方式多与输送线结合，应用于施釉作业流水线中。

a. 技术参数：

电机减速机：JWB-X0.37kW 25-125D；接近开关：电容式，C1-D8NK；传动链条：

10A 链条 1×74；供水阀门：Dg15 浮球阀；水泵：JCB-22 三相水泵，0.125kW。

b. 设备构造：擦底机主要由感知开关、机架、电机减速机、辊筒组合、擦坯皮带、压辊、顶紧装置、喷水管道、水泵、水箱、电控柜等组成，如图 2-17 所示。

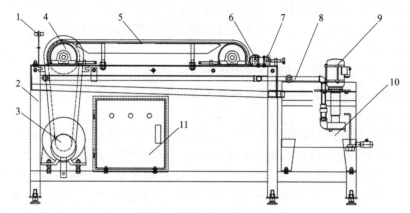

图`2-17　擦底机构造示意图

1—感知开关；2—机架；3—电机减速机；4—辊筒组合；5—擦坯皮带；6—压辊；7—顶紧装置；

8—喷水管道；9—水泵；10—水箱；11—电控柜

感知开关：用于感知擦底机上有无坯体的状态，当坯体移至擦底机时，感知开关动作，电机减速机启动，辊筒带动擦坯皮带运动。

机架：机架采用厚度 3mm 的不锈钢板焊接制成，安装电机减速机、辊筒组合、水箱等部件，机架上设置导水槽，将擦坯过程中的水回收汇流至水箱内。

电机减速机：采用机械无级变速器，JWB-X0.37kW 25-125D；电机减速机通过链轮、链条传动带动辊筒组合转动，链条外侧设置安全防护罩。

辊筒组合：由主动辊、被动辊、带座轴承组成，辊筒直径 140mm，两个辊筒之间距离 850mm，带座轴承型号 UCP204，4 个；辊筒端部与带座轴承连接，其中，主动辊筒安装有链轮，通过链条与电机减速机输出轴端部链轮连接，电机减速机启动时随之转动。

擦坯皮带：由 PVC 带（厚度 4mm）、弹性海绵板（厚度 10mm）组成，PVC 带采用两层线规格，宽度 380mm，周长 1850～1855mm，弹性海绵板带宽 380mm，周长 1902～1907mm。擦坯皮带下方设置托架，托架固定于机架，将皮带向上托起，保证皮带与坯体底部的摩擦力。

压辊：采用不锈钢厚壁管裁切制成，两端采用带座轴承与机架连接，中心安装通长的压辊轴，压辊安装于顶紧装置的顶紧块，使其与被动辊侧皮带紧密配合，当辊筒带动擦坯皮带经过时，将皮带上多余的水分挤出。

顶紧装置：由顶杆、顶紧块、滑动螺栓、紧定螺栓等组成，通过顶紧装置调节擦坯皮带含水量的大小。

喷水管道：为 1/2″不锈钢管，连接水泵出口端，水泵启动时将水注入擦坯皮带的弹性海绵板。

水泵：安装于水箱箱口，将水箱内的水加压后送入喷水管道。

水箱：采用厚度 2mm 不锈钢板焊接制成，盛放擦坯用水。箱体设置给水口、排水口，给水口通过浮球阀与供水管道连接，控制水箱内液位的高度。

电控柜：安装于机架侧面，控制系统的自动运行，外部控制元件有接近开关、电机减速机、水泵等。

c. 作业方法：

- 水箱内注入一定高度的水，并检查浮球开关的有效性；
- 手动状态下，开启水泵，调节手动阀门控制配水管的出水量；
- 检测感知开关的有效性；
- 启动电机减速机，确认擦坯皮带的运转方向；
- 确认弹性海绵板含水状态，调整顶紧装置，控制干湿程度；
- 将设备运行状态拨至"自动运行"状态；
- 将白坯移至擦底机，擦完坯底后确认擦底效果，必要时对设备进行调整。

⑤ 激光打标机：激光打标是用激光束在各种不同的物质表面打上永久的标记，其原理是通过表层物质的蒸发露出深层物质，或通过光能导致表层物质的化学物理变化而"刻"出痕迹，或通过光能烧掉部分物质，显出所需刻蚀的图案、文字。卫生陶瓷生产行业中，有的企业使用激光打标机将商标色料烧结至烧成品表面。激光打标机如图 2-18 所示。

图 2-18　激光打标机

设备组成：

a. 激光电源：为光纤激光器提供动力，输入电压为 220V 的交流电，安装于打标机控制盒内；

b. 光纤激光器：采用脉冲式光纤激光器，安装于打标机机壳内，输出激光；

c. 振镜扫描系统：由光学扫描器和伺服电机两部分组成，光学扫描器采用动磁式偏转工作方式的伺服电机，光学扫描器分为 X 方向扫描系统和 Y 方向扫描系统；伺服电机轴上固定着激光反射镜片，伺服电机由计算机发出的数字信号控制其扫描轨迹；

d. 聚焦系统：其作用是将平行的激光束聚焦于一点，主要采用 f-θ 透镜，不同的 f-θ 透镜的焦距不同，打标效果和范围也不同，标准配置的透镜焦距 $f = 160\text{mm}$，有效扫描范围为 $\phi 110\text{mm}$；

e. 计算机控制系统：计算机控制系统主要包括机箱、主板、CPU、硬盘、内存条、D/A 卡、软驱、显示器、键盘、鼠标等，是整个激光打标机控制和指挥的中心，同时也是软件安装的载体，通过对声光调制系统、振镜扫描系统的协调控制完成对工件（产品）的打标处理。

(6) 施釉设备的工艺布置

两组双工位喷釉橱的布置如图 2-19 所示，如使用助力机械手、坐便器水道灌釉装置、擦底机时，放置在适当位置。

喷釉橱：采用双工位结构，其中，一个工位喷釉作业时，另一个工位处于准备状态。

白坯车：放置喷完釉的白坯，装满后移送至白坯库，为避免搬运过程中釉面污染，白坯车一般采用单层构造。

青坯车：放置待喷釉青坯，在青坯库装满青坯后移送喷釉橱。

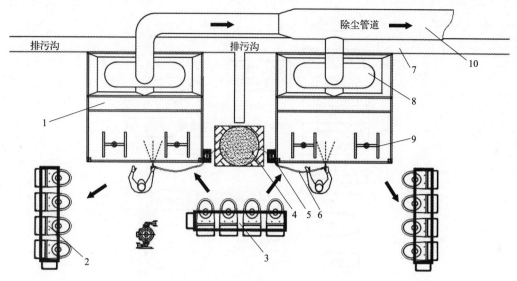

图 2-19　两组双工位的施釉设备布置示意图

1—喷釉橱；2—白坯车；3—青坯车；4—釉浆桶；5—隔膜泵；6—供釉、供气管路及喷枪；
7—排污沟；8—集尘管道；9—喷釉转台；10—除尘管道

釉浆桶：储存喷釉使用的釉浆，一般放置在木质或塑料托盘上，便于搬运。

隔膜泵：将釉浆桶内的釉浆输送至喷枪，供釉压力是通过隔膜泵对压缩空气的压力进行调整。

供釉、供气管路及喷枪：隔膜泵出口与喷枪的供釉软管连接，压缩空气供气口与喷枪的供气软管连接。

排污沟：用于作业现场内产生的废水收集与疏导。

集尘管道：位于喷釉橱顶部，收集喷釉橱内空气和粉尘。

喷釉转台：放置托架，托架上放置坯体，进行喷釉作业；喷釉过程中，人工推动转台并带动坯体旋转，满足坯体喷釉作业需要。

除尘管道：集尘管道与除尘设备之间的连接管道，将集尘管道收集的喷釉橱内空气和粉尘输送至除尘设备。

2.1.2　施釉作业流程

施釉作业流程：

施釉作业前要对接收釉浆的批号、性能进行确认；施釉的设备及使用材料等进行日常点检，并对喷釉的压力进行确认与调整；对釉枪吐出量及形状、喷釉厚度进行检测；对出库的青坯进行水道灌釉（含圈下刷釉），水道灌釉作业也有的安排在坯体半成品检验工序完成后，进行吹尘、擦坯、喷釉、白坯修正、打商标、贴标识、喷易洁釉（部分产品）、白坯点检、存放等作业；每班喷釉作业后要进行喷釉橱清理、收集回收釉等工作。

施釉作业流程图见图 2-20。

流程中的主要作业内容见表 2-4。

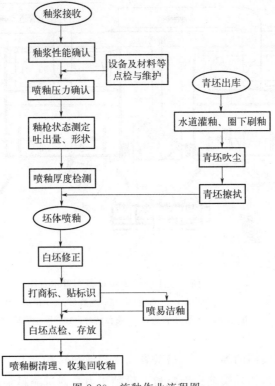

图 2-20 施釉作业流程图

表 2-4 流程中的主要作业内容

序号	作业名称		作业主要内容	作业担当者
1	作业环境、条件确认		对作业环境、作业条件进行确认,详见表 2-5	班长、作业者
2	釉浆批号、性能确认		对釉浆批号、性能进行确认,详见表 2-6	班长
3	青坯准备	①水道灌釉	向坐便器和蹲便器的排污管道及 FFC 材质的洗面器溢水道灌釉	水道灌釉工
		②圈下刷釉	部分产品用毛刷在坐便器的坐圈下沿,顺圈出水孔方向涂刷上釉浆	擦坯工
		③青坯吹尘	将坯体上附着的灰尘、泥渣等污物吹净	拉坯工
		④青坯擦拭	擦除坯体表面灰尘与异物,确认坯体干湿度,给青坯适当补水,使喷釉时坯釉的结合性能更好	擦坯工
4	喷枪状态测定		调整釉浆吐出量、釉浆吐出的形状,测定坯体喷釉层厚度,详见表 2-7	班长
5	坯体喷釉		将青坯放入喷釉橱喷釉转台的托架上,进行喷釉	喷釉工
6	白坯修正		坯体喷釉后,对白坯釉面及底边点检,确认是否有釉缕、堆釉等,用湿海绵与刮刀等对发生部位进行修正(底边修正需将白坯搬出喷釉橱进行)	喷釉工(或擦坯工兼作)
7	打商标、贴标识		在白坯的规定位置上打商标、贴标识	打标工(或擦坯工兼作)
8	喷易洁釉		按产品要求在白坯的规定部位喷易洁釉	喷釉工

续表

序号	作业名称	作业主要内容	作业担当者
9	白坯点检、存放	白坯整体点检,确认是否有釉薄、流釉、商标、标识不良等缺陷。按要求将白坯码放在搬运车上,运到指定地点或白坯库	白坯点检工
10	喷釉橱清理、收集回收釉	每班对喷釉橱进行清理,收集回收釉	喷釉工

各项作业内容详细说明如下。

（1）作业环境、条件确认

要对施釉的作业环境、条件进行确认,见表2-5。

表2-5　作业环境、条件确认内容

序号	确认项目	确认内容（数值为举例）	确认方法
1	施釉作业环境	对现场作业环境、5S情况进行确认	每班点检、巡视
2	施釉使用设备	确认使用设备是否运转正常	每班工作前点检设备,确认设备运转状况,利用人体五感(眼看有无异常状况,耳听有无异常声音,鼻闻有无异常气味,手触摸有无异常震动和发热,叙述结果与反馈)及使用器具等进行点检,发现异常时及时修理
3	各压力表数值确认	釉浆压力(釉压)、雾化压力(风压)在规定范围内,无异常;釉浆压力(釉压)要求:0.2～0.3MPa;雾化压力(风压)要求:0.6±0.1MPa	每班工作前点检确认,压力调整到规定范围内
4	压缩空气与盛水容器过滤网点检	确认压缩空气过滤设施是否完好,雾化空气过滤有350目筛网。盛水容器内是否放置过滤筛网和除铁棒	每班按规定进行过滤施点检,作业结束要清理确认盛水容器内残渣,也可将残渣烧样确认
5	商标材料、治具	确认商标纸等无污标、损坏,治具与材料等是否齐备	每班打商标作业时,随时检查确认
6	辅助材料	确认使用的海绵、毛刷等辅助材料的完好性	每班作业前点检确认。作业时,如有损坏随时更换
7	釉浆过滤状况	根据需要对釉浆使用120目尼龙筛网过滤,并确认是否完好	每班要确认过滤后残渣,也可将残渣烧样确认
8	作业环境温度、湿度	施釉工序温度管理范围:25～35℃,湿度管理范围:50%±20%RH	每班观察、记录现场的温度计、湿度计测量数据
9	待施釉坯体表面温度	坯体表面温度管理范围:20～35℃	每班对各品种待施釉的坯体进行确认

（2）釉浆批号、性能确认

施釉现场接收施釉使用的釉浆时,要对釉浆批号、釉浆物理性能进行确认和测定,见表2-6。

表2-6　釉浆批号、釉浆物理性能确认内容

序号	管理项目	测定方法、目的	管理值（举例）	管理频度
1	釉浆批号	接收调试合格的釉浆	与当天送釉单上批号内容一致	1次/批、班

续表

序号	管理项目		测定方法、目的	管理值（举例）	管理频度
2	釉浆物理性能	温度	将玻璃棒温度计放入釉浆容器中检测，读取测定温度	(25±2)℃	1次/批、班
		浓度	将200mL釉浆倒入容量瓶中放电子天平上称量，由测定值计算出浓度。详见第1章1.3.2下(2)中表1-18的序号2	(350～360)g/200mL	1次/批、班
		黏度（流动性）	将釉浆倒入马里奥托管中，至釉浆液面与空气塞的基准线平齐，拧紧下盖。食指按着马里奥托管的空气孔将排出口朝下，放置在梯形台架上，松开手指使泥浆流出。用秒表计时，流出200mL釉浆所需时间。详见第1章1.3.2下(2)中表1-18的序号5	(240±30)s/200mL	1次/批、班
		干燥速度	专用的青坯测定板上放1个内径为φ45mm的PVC圈，用注射器吸取5mL的测定釉浆，向圈的中心部分喷出，同时用秒表开始计时，当釉表面没有水分时，测得的时间即为干燥速度。详见第1章1.3.2下(2)中表1-18的序号7	(24±3)min/5mL	1次/批、班

（3）青坯准备

青坯出青坯库，按先进先出的原则出库，并填好记录。部分产品的青坯要进行水道灌釉、圈下刷釉、青坯吹尘、青坯擦拭等作业（如青坯已由前工序完成水道灌釉、刷釉，出库时要确认）。

① 水道灌釉：坐便器和蹲便器的排污管道为保持内壁光滑，管道不易挂污，需要施釉；FFC坯体的洗面器，因坯体吸水率高，其溢水道内部管道在使用时有水流过的表面也要施釉，防止坯体吸水。施釉一般采用灌釉的方法，水道灌釉有人工和设备两种作业方法，釉层的厚度一般为0.2mm左右。

水道灌釉釉浆的制作：釉浆相对密度为1.2～1.5，为了降低成本，磨制配方中可以没有硅酸锆的透明釉，也可以使用生产中的回收锆乳浊釉。

水道灌釉有人工作业、机械作业，下面分别进行说明。

a. 水道灌釉人工作业：使用水道灌釉用的釉浆，按要求取一定量的釉浆，沿便器水道入口倒入内部管道，来回晃动，停滞数秒后，使水道内壁均匀挂釉，无死角，形成光滑的釉面，之后借助旋转架将产品翻转至一定角度，由水道排污口将剩余釉浆倾倒出来，再用海绵擦干净水道的入口和排污口处的残余釉浆，水道灌釉完成。

b. 水道灌釉机械作业：使用本章2.1.1下（5）的③的坐便器水道灌釉装置进行坐便器的水道灌釉作业。

② 圈下刷釉：坐便器等产品的坐圈下沿喷枪喷釉困难，因此要喷釉前用毛刷在坐圈下沿顺圈出水孔方向涂刷上釉浆，注意确认刷釉时不要将圈出水孔堵塞。圈下刷釉也有的在坯体擦拭时完成。

③ 青坯吹尘：在吹尘橱中进行青坯吹尘，用压缩空气将附着在坯体表面和水道内的灰尘、泥渣等吹干净。注意吹尘时，手拿气管头的长度不要过长，防止气管头敲打坯体造成损坏；连体便器水箱内排水口与便器水道入水口相互交替进行吹尘，吹干净水道中的残渣；吹尘后用灯光检查坯体及孔眼是否有杂质残留。

④ 青坯擦拭

a. 检查青坯外观有无缺陷，用海绵蘸适量的清水对产品整体进行擦拭，再用掸笔掸一遍；

b. 确保外表面无缺陷、坯粉，有缺陷的青坯搬出，放在不合格产品区域。

（4）喷枪状态测定

对喷枪的釉浆吐出量、釉浆吐出的形状、坯体喷釉厚度进行确认，见表 2-7。

表 2-7　喷枪状态测定内容

序号	测定项目	测定方法 （数值为举例）	测定频度
1	釉浆吐出量	①准备 250mL 的量筒及秒表； ②关上喷枪气源，打开喷枪顶针,10s 后，向量筒内注入 200mL 釉浆，所需时间为吐出量，调节喷枪上吐出量控制螺钮达到吐出量的时间要求； 要求:(9±1)s/200mL； 测定方法如图所示 喷枪　量筒　釉浆　秒表	每枪 1 次/班 （作业前测定）
2	釉浆吐出形状	雾化压力（风压）、供釉压力（釉压）处于要求范围内，打开枪阀，查看喷枪吐出的形状，应为近似圆锥体，圆锥体（扇面）的大小可调节。 要求：枪距约为 400mm，喷釉面:φ150mm±20mm； "枪距""喷釉面"的定义见本章 2.1.2.（6）.⑤,测定方法见图 2-33	每枪 1~2 次/班 （作业前、作业中测定）
3	坯体喷釉厚度	①雾化压力（风压）、供釉压力（釉压）处于要求范围内； ②使用废坯，按正常喷釉作业方法对产品进行喷釉作业，之后用木锤敲取测定部位，断开釉坯，使用带刻度的放大镜，测量釉层的垂直面厚度。 ③各类产品坯体喷釉厚度测定位置见本章 2.1.2 下（5）。 釉厚要求:0.7~1.0mm,特殊部位可减薄。每喷釉 1 遍,釉厚为 0.25~0.3mm	每班测定 1 件（作业前或作业中测定）

（5）各类产品坯体喷釉厚度测定位置

① 坐便器类喷釉厚度测定位置。如图 2-21 所示，分体坐便器测定点为图 2-21 中 1~11 点；连体坐便器测定点为 1~16 点；易洁釉喷釉厚度测定点为 1~6 点。

② 洗面器类喷釉厚度测定位置。如图 2-22 所示，一般的洗面器测定点为 1~9 点；台上洗面器测定点为 1~7 点；台下洗面器测定点为 1~4。

③ 水箱喷釉厚度测定位置。如图 2-23 所示，测定点为 1~8 点。

④ 小便器类喷釉厚度测定位置。如图 2-24 所示，图中 1 为上表面，2 为上圈立面，3 为

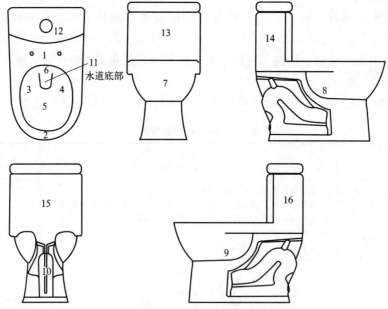

图 2-21　坐便器类喷釉厚度测定位置示意图

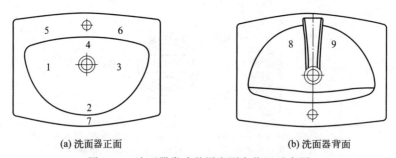

(a) 洗面器正面　　　　　　　　　　　　　(b) 洗面器背面

图 2-22　洗面器类喷釉厚度测定位置示意图

图 2-23　水箱喷釉厚度测定位置示意图

洗净面，4、5 为圈内侧，6 为正面，7、8 和 9、10 为左、右侧面。

　　⑤ 洗涤槽与蹲便器类喷釉厚度测定位置。如图 2-25 所示，洗涤槽测定点，图 2-25(a) 中 1 为洗净面，2、3、4、5 为上圈面，6、7、8、9 为内侧面；蹲便类测定点，图 2-25(b) 中 1、2、3 为上表面，4 为圈内面，5 为洗净面。

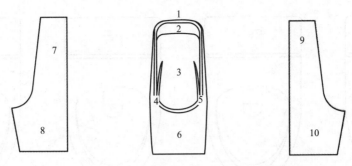

图 2-24　小便器类喷釉厚度测定位置示意图

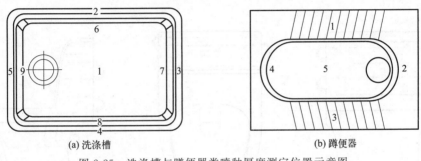

(a) 洗涤槽　　　　　　　　　(b) 蹲便器

图 2-25　洗涤槽与蹲便器类喷釉厚度测定位置示意图

⑥ 洗面器立柱喷釉厚度测定位置。如图 2-26 所示，图中 1 为正面，2、3 为左、右侧面。

（6）坯体喷釉（锆乳浊釉）

① 几种产品喷釉的基本路线：喷釉时，根据产品型号、款式制定既保证质量又快捷的喷釉路线。喷釉时，按喷釉操作的需要，青坯摆放形式可以是立放，也可以是平放。

喷釉过程中，按规定的路线喷釉，同时还要根据喷釉需要转动放置坯体的托架，既便于喷釉作业，也可使坯体釉面均匀。

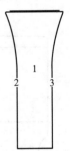

图 2-26　洗面器立柱喷釉厚度测定位置示意图

a. 连体坐便器喷釉基本路线：连体坐便器喷釉基本路线如图 2-27 (a)～(j) 所示。喷釉要求如下：

- 水道入口处：用点枪喷釉，堆釉时，向水道内两侧和里部吹扫。
- 圈下沿：从左前圈眼位置开始起枪，顺行斜向上挑喷。
- 洗净面内：从左前洗净面内起枪走 "M" 形喷釉；圈内边，顺行喷走。
- 坐圈面：从便盖孔面左下位置开始起枪顺行喷走。
- 水箱正面、(f) 水箱盖表面、(g) 左侧面、(h) 正面、(i) 右侧面、(j) 背面：按 "S" 弯形线路顺行走枪喷釉。

b. 分体坐便器和水箱的喷釉基本路线见连体坐便器喷釉基本路线。

c. 立柱式洗面器喷釉基本路线：立柱式洗面器喷釉基本路线如图 2-28 (a)～(g) 所示。喷釉要求如下：

- 盆内沿：从盆内右侧区开始起枪顺行走 "M" 形喷釉；
- 洗净面：按 "S" 弯形线路顺行走枪喷釉；

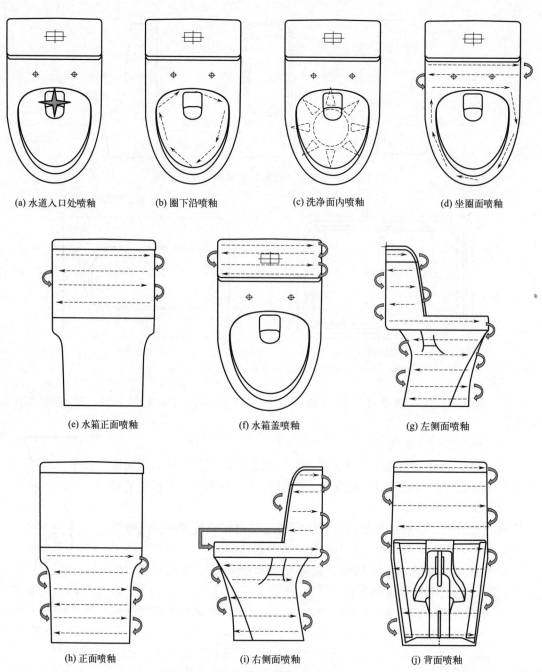

(a) 水道入口处喷釉　　　(b) 圈下沿喷釉　　　(c) 洗净面内喷釉　　　(d) 坐圈面喷釉

(e) 水箱正面喷釉　　　　(f) 水箱盖喷釉　　　　(g) 左侧面喷釉

(h) 正面喷釉　　　　　(i) 右侧面喷釉　　　　(j) 背面喷釉

图 2-27　连体坐便器喷釉基本路线示意图

- 上表面：按顺行喷走、外沿倾斜喷走；
- 左侧面、（e）正面外沿面、（f）右侧面：按"S"弯形线路顺行走枪喷釉；
- 背面：从左侧底边面开始起枪顺行喷走枪至下水口。

　　d. 洗面器立柱喷釉基本路线：洗面器立柱喷釉基本路线如图 2-29（a）～（e）所示。喷釉要求如下：

- 立柱上表面：从左侧上顶面开始起枪顺行喷走枪至右侧；

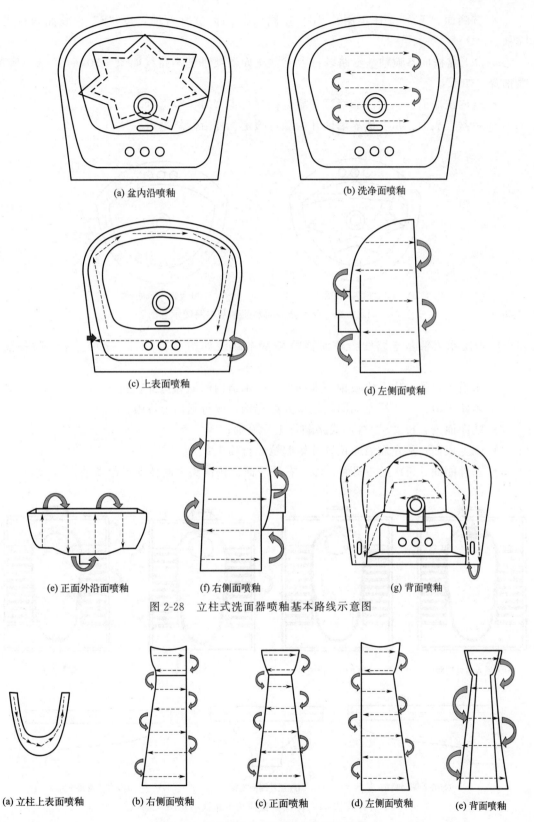

(a) 盆内沿喷釉

(b) 洗净面喷釉

(c) 上表面喷釉

(d) 左侧面喷釉

(e) 正面外沿面喷釉

(f) 右侧面喷釉

(g) 背面喷釉

图 2-28　立柱式洗面器喷釉基本路线示意图

(a) 立柱上表面喷釉

(b) 右侧面喷釉

(c) 正面喷釉

(d) 左侧面喷釉

(e) 背面喷釉

图 2-29　洗面器立柱喷釉基本路线示意图

右侧面、（c）立柱正面、（d）左侧面、（e）立柱背面：按"S"形线路顺行走枪喷釉。

e. 台上盆洗面器喷釉基本路线：台上盆洗面器喷釉基本路线如图 2-30（a）、（b）所示。喷釉要求如下：

• 盆内洗净面：从盆内靠墙区开始起枪顺行走"M"形喷釉；

• 台盆上表面：从左侧靠墙区开始顺行喷走、外沿倾斜喷走。

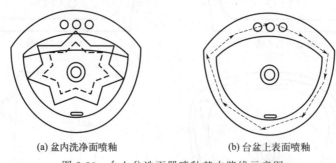

(a) 盆内洗净面喷釉　　　　　　　　(b) 台盆上表面喷釉

图 2-30　台上盆洗面器喷釉基本路线示意图

f. 蹲便器喷釉基本路线：蹲便器喷釉基本路线如图 2-31（a）～（g）所示。喷釉要求如下：

• 水道入口处：用点枪喷釉，堆釉时，向水道内两侧和里部吹扫；

• 内圈下沿：从正视左侧圈眼位置开始起枪，顺行斜向上挑喷；

• 洗净面内：按"S"弯形线路顺行走枪喷釉；

• 圈上表面：从左靠墙面位置开始起枪顺行喷走；

• 左外圈面、（f）正外圈面、（g）右外圈面：按箭头方向转动走枪喷釉。

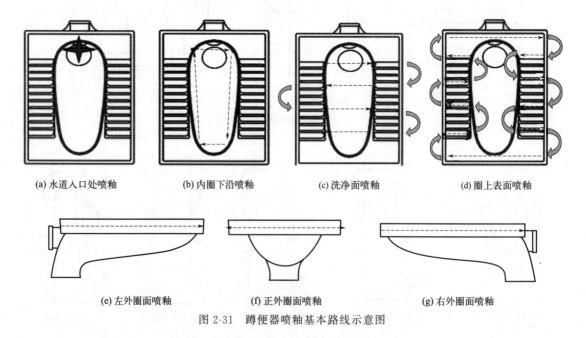

(a) 水道入口处喷釉　　(b) 内圈下沿喷釉　　(c) 洗净面喷釉　　(d) 圈上表面喷釉

(e) 左外圈面喷釉　　　　(f) 正外圈面喷釉　　　　(g) 右外圈面喷釉

图 2-31　蹲便器喷釉基本路线示意图

g. 立式小便器喷釉基本路线：立式小便器喷釉基本路线如图 2-32（a）～（g）所示。喷釉要求如下：

- 内下水口（槽）处：用点枪喷釉，堆釉时，向水道内两侧和里部吹扫；
- 内圈面：从正视左面位置开始起枪顺箭头方向喷釉；
- 洗净面：按"S"形线路顺箭头方向走枪喷釉；
- 立圈表面：从右靠下面的位置开始起枪顺箭头方向走枪喷釉；
- 上表面、（f）右侧帮面、（g）左侧帮面：按"S"形线路顺箭头方向走枪喷釉。

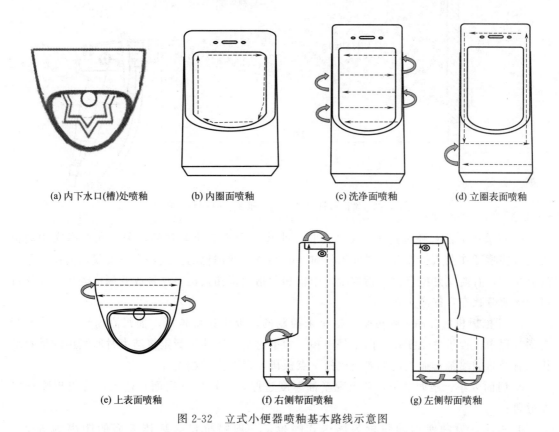

| (a) 内下水口(槽)处喷釉 | (b) 内圈面喷釉 | (c) 洗净面喷釉 | (d) 立圈表面喷釉 |

| (e) 上表面喷釉 | (f) 右侧帮面喷釉 | (g) 左侧帮面喷釉 |

图 2-32　立式小便器喷釉基本路线示意图

② 将完成青坯准备的坯体，搬运至喷釉橱内轻放在托架上，可用人工搬运或使用的助力机械手搬运青坯至喷釉橱内。助力机械手参见本章 2.1.1 下（5）的②。

③ 按要求对坯体喷釉，釉厚控制在要求范围内。

④ **釉浆雾化状态的相关因素**：雾化状态指利用喷枪喷出的釉浆颗粒状态，要求釉浆颗粒细小、分布均匀，喷到坯体表面后，形成一层表面平整、厚度一致的釉层。雾化状态与压缩空气压力、釉浆供应压力、釉浆性能、喷枪对釉浆的雾化状态扇面大小、枪距有关。

a. **压缩空气压力**：压力低会出现釉点，造成釉薄和波纹缺陷；压力高则喷枪出釉多，已经黏附在坯体上的釉层易会被吹掉，产生釉面虚或釉薄的缺陷。

b. **釉浆供应压力**：压力低时，釉浆吐出量小，造成釉面过虚，厚度达不到，造成成品滚釉、釉薄、氧化；压力高时，造成扇面分裂，喷釉不均匀。

c. **釉浆性能**：指釉浆的相对密度和流动性，釉浆的相对密度大、含水量低，流动性差，则喷出釉量少，会出现釉薄缺陷；如果相对密度小，流动性过高则会出现滴釉。

⑤ 喷枪操作要领：包括握喷枪方法，喷枪扳机的控制，调整扇面大小、枪距、喷釉角度、喷釉面，控制喷枪移动速度、喷枪行走间距和喷着率。喷枪喷釉时的扇面、枪距、喷釉面如图 2-33 所示。

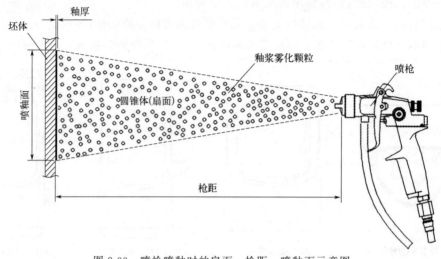

图 2-33　喷枪喷釉时的扇面、枪距、喷釉面示意图

a. 握喷枪方法：喷枪是靠手掌、拇指、小指以及无名指握住的，中指和食指来扣动扳机。有些喷釉作业人员在较长时间工作时，时不时改变握枪的方式，有时仅仅用拇指，手掌配合小指，有时又是配合无名指握枪，中指和食指用来扣扳机，这种改变握枪姿势的操作可以缓解疲劳状态，提高工作效率。

b. 喷枪扳机的控制：喷枪是靠扳机来控制的，扳机扣得越深，釉浆流速越大。喷枪行走的过程中，扳机总是扣死，而不是半扣，为了避免每次喷枪行走将结束时所喷出的釉料堆积，有经验的喷釉作业人员都要略放松一点扳机，以减少供釉量。

c. 扇面大小：扇面过小，会出现喷釉厚度过厚，圆锥体（扇面）过大，会出现喷釉厚度过薄。

d. 枪距：喷釉使用的喷枪为压送式喷枪，一般喷枪口至坯体表面的距离为 300～500mm。釉浆浓度低时，距离较远，浓度高时，距离较近；如距离太近，则可能产生流釉，在喷有色釉浆时甚至可能造成颜色与预期的不一致，如距离太远，则可能导致虚喷，使釉浆的流平性变差。

当坯体的表面为曲面时，喷枪要随曲面调整，保持枪距。

在喷釉作业中，有实枪与虚枪两种方法。

实枪：喷釉时，枪距约为 400mm，釉浆落在坯体上，形成一层光滑平整的釉层。

虚枪：喷釉时，枪距约为 500mm，釉浆落在坯体上，形成一层干粉状颗粒釉层，通常在喷釉的最后，个别部位和容易釉薄的部位需要找枪时使用虚枪。喷易洁釉使用虚枪。

e. 喷釉角度：喷枪对坯体表面应该保持垂直或者尽量保持垂直，如喷枪歪斜，会造成喷出釉料偏向一边流淌，而另一边显得稀薄、缺釉，造成条纹状釉面。当遇到喷釉面为曲面时，喷枪要随曲面移动，保持垂直和枪距。

f. 喷釉面：枪距约为 400mm，喷釉面为 ϕ150mm±20mm 为宜。

g. 喷枪移动速度：在喷釉作业时，要掌握喷枪的移动速度，理想的喷枪移动速度是喷釉结束后，坯体表面釉层饱满、均匀、润湿。移动过快，坯体表面釉层稀薄，流平性差；移动速度过慢，坯体表面釉层偏厚，易产生流釉现象。

h. 喷枪行走间距：约为 70mm。过小出现局部釉厚，过大出现局部釉薄。

i. 喷着率：指釉浆喷出作业中，附着在坯体表面上的釉浆占喷出的釉浆重量的百分比。喷着率大，则节省釉浆，反之则浪费一部分釉浆，喷着率应控制在 60%～70%。

⑥ 喷枪的日常管理

a. 喷釉前要对喷枪进行调整及清理，防止污色、铜脏产生；

b. 更换喷嘴时，要用煤油刷洗干净，拆卸、安装枪针枪嘴时要注意力量适当，防止因力量过大造成枪体损坏，内壁的密封圈要拆下来放入新的枪嘴中，防止因无密封圈造成扇面无法调节；

c. 注意枪针部位应注油润滑；

d. 每班工作结束后，用水清洗喷枪并擦干，存放在干燥处。

⑦ 喷枪使用中常见故障、原因及对策，见表 2-8。

表 2-8　喷枪使用中常见故障、原因及对策

序号	常见故障	产生原因	对策
1	喷幅形状呈重心偏向一侧	喷嘴中心孔或雾化孔堵塞	清洗喷嘴或更换雾化帽
2	扇面偏左或偏右	气流喷嘴一侧的扇面控制孔堵塞或受损	清洗或更换气流喷嘴
3	扇面中央过厚	①釉浆黏性过高； ②雾化压力过低； ③喷嘴的口径和顶针由于磨损而增大或变小	①调低釉浆黏性； ②增大雾化压力； ③更换喷嘴套件
4	扇面分裂	①釉浆黏性过低； ②雾化空气压力过大； ③扇面控制孔内径偏大； ④釉浆供应不足； ⑤雾化空气通道堵塞	①增加釉料黏性； ②减小雾化空气压力； ③更换喷嘴套件； ④确保釉浆供应充足； ⑤清洁喷枪的空气通道
5	跳枪	①喷嘴没拧紧或没装好； ②枪针密封套件松动； ③喷枪进釉口连接螺母松动； ④釉浆供应不足； ⑤喷嘴套件损坏	①旋紧喷嘴或清洁并安装喷嘴套件； ②紧固顶针密封套件； ③旋紧连接螺母； ④确保釉浆供应充足； ⑤更换喷嘴套件
6	扇面上重或下重	①喷嘴、顶针或气流喷嘴的雾化空气出口上有杂物堵塞； ②喷嘴或/和气流喷嘴受损	①清洁喷嘴、顶针或气流喷嘴； ②更换喷嘴或/和气流喷嘴
7	喷不出釉料或喷出量少	①供釉管路压力不足或堵塞； ②供釉桶内缺釉； ③顶针行程太小	①调整供釉压力或清洗供釉管路； ②补充釉浆； ③旋转釉料顶针增加吐出量
8	喷嘴处漏釉	①顶针密封螺母太紧； ②喷嘴端口内部有异物； ③喷嘴和顶针不配套或有损伤； ④顶针回位弹簧断掉或未安装	①旋松顶针密封螺母； ②清洁喷嘴； ③更换喷嘴套装； ④更换顶针回位弹簧或安装上顶针回位弹簧

序号	常见故障	产生原因	对策
9	喷幅不能调节	①气帽的两侧扇面控制孔堵塞； ②喷幅调节器受损或安装错误	①清洁气帽的控制孔； ②更换喷幅调节器或正确安装喷幅调节器
10	不能正常调节雾化空气压力或刚接上压缩空气就会直接从枪口喷出	①空气调节器受损或空气阀门损坏； ②空气阀门回位弹簧折断或未安装	①更换空气调节器或空气阀门； ②更换或安装空气阀门回位弹簧
11	顶针密封件漏釉	①顶针密封圈磨损； ②顶针密封圈未安装； ③顶针密封圈弹簧损坏或未安装； ④顶针密封螺母松脱； ⑤顶针与密封圈的接触处磨损； ⑥顶针与喷枪不配套	①更换顶针密封圈； ②安装顶针密封圈垫片； ③更换或安装顶针密封圈弹簧； ④拧紧顶针密封螺母； ⑤更换喷嘴套装； ⑥更换与喷枪配套的喷嘴套件

（7）白坯修正

① 坯体喷完釉后，对白坯釉面点检，确认是否有釉缕、堆釉等，并用湿海绵对发生部位轻轻擦拭修正，力度适中，不可用力或来回擦拭，避免造成釉薄或缺釉。

② 将白坯搬出喷釉橱再进行底边确认修正，用百洁布、海绵与刮刀等将底边粘的浮釉刮擦干净，避免烧成时造成釉粘、底边缺釉等缺陷；底边如有缺釉，需补釉。

（8）打商标、贴标识

产品施釉或烧成后要在产品的指定位置，打上生产企业或订货方要求的商标（俗称打标），贴上标识。

打商标作业大多采用粘贴商标纸的方式，也有采用印刷商标、激光打标的方式。这3种方式的特点见表2-9。

表 2-9　打商标的 3 种方式的特点

方式名称	作业方法的特点	商标的特点
贴商标	作业人员将商标纸贴在坯体施釉后商标位置的釉面上	作业简单，尤其适合用于生产中有多个商标或有细笔画的商标
印刷商标	作业人员用丝网印刷的方式，将商标刷印在坯体施釉后商标位置的釉面上	商标网制作、颜料制备比较费事，笔画细或多的商标不宜使用。印出的商标颜色厚重，饱满
激光打标	用激光将商标色料烧结至烧成品商标位置的釉面上	可实现打商标作业的自动化

① 贴商标

a. 商标纸的制作：由企业设计确定商标的图案、字体的形状、大小和颜色，委托商标纸制作公司制作一定数量的商标纸；收到制作的商标纸后，进行质量检验和数量验收。

b. 配制纤维素（CMC）浆：

• 由车间根据每天的使用数量统一配置贴标用的 CMC。每天白班将 CMC、胶、水按照一定的比例兑成溶液浸泡，第二天早上上班时使用。如果是两班，后一班（夜班）不允许使用前一班使用过的 CMC 浆。

• 调配方法：称取一定数量的 CMC 放入容器中，加入 40 倍重量的水后浸泡；在浸泡好的 CMC 中加入四分之一体积的胶，将容器加盖后放置。

• 第二天使用前，将 CMC 浆搅拌均匀，使用时取出，再放在专用容器中，注意不得混入异物。

　　c. 贴商标纸的作业方法：

　　• 贴标处的釉面必须平整。

　　• 按工艺标准的规定，用治具和尺具定位，确定商标的位置，如图 2-34 所示。

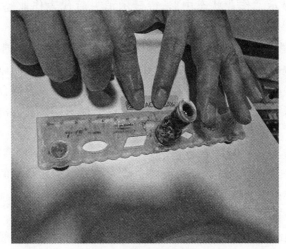

图 2-34　贴商标纸的作业

　　• 在贴标位置上用毛刷刷上调配好的 CMC 浆，贴上商标纸；用手指从中间轻轻往两边擦或用小胶皮刮子刮商标纸 2～3 次；注意商标必须贴正，标纸内不能有气泡；贴标后擦净周边残留的 CMC 浆。

　　新品种贴第一件产品的商标时，必须按设计要求全面进行确认。

　　② 印刷商标（简称印标）

　　a. 调配商标用色料：色料要经过配料、研磨与静置，精制与先发试验，储存待用。

　　b. 商标模板制作：制作商标模板并安上把手。

　　c. 印刷商标的作业：检查商标板，印刷商标部位釉面确认，商标模板放在规定位置；印刷商标；检查印刷质量与修正。

　　③ 激光打标作业。激光打标机见本章 2.1.1 下（5）的⑤。激光打标作业如下：

　　a. 作业前准备：作业前穿戴好劳保用具，依据点检表对设备、使用物品进行点检，确认电源、气源是否接通（电压 220V，气压约 0.3MPa）。

　　b. 釉料准备：将调试合格的釉料准备好（釉料要用纯净水调和）。

　　c. 开启电源：开启主柜电源；将主机电源接通，电源开启后指示灯亮起；开启电脑电源；按下电脑主机的电源开关，电脑指示灯亮起；待电脑显示完全启动，确认图标是否齐全；开启激光电源，开启时注意用力不宜过重。

　　d. 打开程序文件：用鼠标双击打开指定的使用程序图标，进入指定的账户；在指定账户输入密码进入使用程序操作界面，确认界面图示中的文字为待刻印的文字，用鼠标左键选中使用界面中的文字。

　　e. 装载釉料：准备已调试完毕的釉料，将釉料倒入喷枪罐内，倒入量不低于导管底部，不高于喷枪罐的一半，将装好釉料的喷枪罐安装在喷枪上。

　　f. 喷涂釉料：将准备喷涂釉料的烧成品部位露出，其余部位遮挡，用喷枪在指定位置上喷涂釉料，注意釉料喷涂厚度，用吸尘器将分散的物质吸取出来；确认釉料喷涂的状态，不宜过厚与过薄。

g. 刻印商标：将激光设备与烧成品放置在一起，上侧与后侧要与产品按指定位置紧贴在一起，在刻印的同时保证烧成品和设备位置稳定，开启激光设备的刻印开始开关；在开始刻印后显示屏幕上会显示"作业状态中"，待显示消失后代表作业完成，然后将刻印设备移开。

h. 商标确认：用潮湿的棉布将刻印完毕部位多余的釉料擦除，棉布的湿润程度不宜过湿，以挤压后不滴水为合适状态；参照制定的限度样本，确认检查刻印的商标是否合格，如出现特殊状态的缺陷，联络管理人员确认；确认商标刻印位置是否符合要求。

④ 贴标识：使用CMC浆，在坯体的指定位置贴上标识，作业方法同上述①贴商标。

（9）喷易洁釉

许多企业在喷了锆乳浊釉的部分品种的白坯上再喷一层易洁釉。喷易洁釉的产品及部位：洗面器、坐便器、小便器的洗净面，有些企业为了提高产品釉面的观感，将喷釉范围扩大到洗面器和坐便器的整个上表面。对于贴有商标的部位，在喷易洁釉的时候用专门的制具遮挡，避免易洁釉喷在商标上。

由于锆乳浊釉为白色，为了便于观察喷易洁釉后的釉面状况，一般在易洁釉的磨制时加入少量深颜色的有机颜料，如红色、粉色，使易洁釉呈现颜色，有机颜料在烧成中的低温阶段挥发，对釉面无影响。

以下为某企业易洁釉的喷釉作业情况。

① 设备与装置：

喷枪：使用小口径喷枪，一般口径为1.5mm，喷枪重量为191g。

喷釉橱：与喷锆乳浊釉的喷釉橱相同。

釉浆供应：使用小型压力罐供釉，供釉压力（釉压）约0.1MPa；也有使用吊桶供釉的做法，供釉压力较低。

压缩空气供应：与喷锆乳浊釉相同，雾化压力（风压）(0.6±0.1)MPa。

② 施釉工序釉浆性能确认项目：管理项目测定方法、目的、管理频度与锆乳浊釉相同，见表2-6，浓度为(300～350)g/200mL，黏度（流动性）为(130±20)s/200mL，干燥速度为(13±1)min/5mL。

③ 施釉准备工作：

a. 易洁釉干燥速度检测，干燥速度要求：(13±3)min/5mL。

b. 检查雾化压力、供釉压力，并调整至使用压力范围内。

c. 喷枪吐出量测定，每日喷釉前进行吐出量测定，吐出量要求：(9±1)s/200mL。

d. 釉浆吐出形状确认，打开枪阀，查看喷枪吐出的形状，调整至符合要求的吐出形状；吐出形状为近圆锥形扇面；喷釉面：约$\phi 90mm\pm 10mm$。

e. 喷易洁釉前白坯的干燥：一种做法是白坯经过约30min的干燥再喷易洁釉，这种做法易洁釉的烧成缺陷少一些；另一种做法是白坯不干燥紧接着喷易洁釉。

f. 贴商标的说明：贴在锆乳浊釉上面的商标，如需再喷易洁釉时，无论商标上面还是周围，都不能有易洁釉，否则商标会出现缺陷。因此，要将贴商标处及周围遮挡后再喷易洁釉。

④ 喷易洁釉作业。将白坯移动至喷釉转台，然后打开喷枪气阀（不供釉空枪）将白坯

表面的粉尘、异物吹干净；确认釉面是否干净，有无釉渣，是否掉釉，商标是否完好等。

枪距：约为 300～400mm。

喷枪的行走间距：约为 30mm。

釉厚要求：0.1～0.2mm。一般 1 遍，作业顺序与产品喷锆乳浊釉的洗净面、上表面相同，按虚枪操作，釉面为细密均匀的颗粒，不可喷实枪。

注意：易洁釉中不允许加水。

⑤ 喷完易洁釉后的坯体修正，按锆乳浊釉白坯修正方法执行。

（10）白坯点检、存放

施釉完成后的白坯进行整体点检确认，确认是否有釉缕、缺釉、商标及标识不良、孔眼流釉等缺陷。点检合格后码放在搬运车上，运输到指定地点或白坯库。

（11）喷釉橱清理、收集回收釉

每班喷釉作业结束后，需要进行喷釉橱清理工作，收集回收釉，做法如下：

① 用工具将喷釉橱壁上、托架上粘的釉铲下，收集到下部小斗车内。

② 收集回收釉时，注意釉中不得混有杂物。

③ 清洗。清洗周期根据使用情况而定，可以每天一次，也可以每周或每月一次，用干净水清洗喷釉橱内部，然后擦干。

注意事项：喷釉橱在换不同色系的釉时，必须先将喷釉橱和相关的工器具全部清理干净后再喷其他颜色的釉。

④ 易洁釉回收釉处理，一种做法是将喷釉橱内的釉回收，单独处理；另一种做法是易洁釉回收后混入锆乳浊釉的回收釉中一起处理。

（12）白坯的干燥

施釉的釉浆（干重）占总坯体重量（干重）的比例约为 8％，釉浆中含有一定的水分，施釉后的白坯中吸收了坯体重量约 3％的水分，存在于釉层和靠近釉层表面的坯体中。烧成工序入窑的水分要求小于 1％，因此，在烧成之前，白坯的这部分水分需要干燥除去，干燥方法一般有以下三种：

第一种方法：白坯自然存放，逐步干燥出水分。

第二种方法：设置白坯存放专用干燥室，引入窑炉余热或设置发热装置，对白坯进行干燥。

第三种方法：在隧道窑回车线的副线上设置干燥室，将窑炉余热引入干燥室内，对装在窑车上的白坯进行干燥。

（13）锆乳浊釉人工施釉工艺参数和易洁釉人工施釉工艺参数的实例

锆乳浊釉人工施釉工艺参数的实例见表 2-10，易洁釉人工施釉工艺参数的实例见表 2-11。

表 2-10　锆乳浊釉人工施釉工艺参数的实例

序号	项目	工艺参数	锆乳浊釉人工施釉	
			管理值	管理频度
1	作业环境	温度	25～35℃	每班观察、记录
		湿度	50％±20％RH	每班观察、记录

序号	项目	工艺参数	锆乳浊釉人工施釉	
			管理值	管理频度
2	釉浆性能	批号	符合批号要求	1次/批、班
		温度	(25±2)℃	1次/批、班
		浓度	(350～360)g/200mL	1次/批、班
		黏度(流动性)	(240±30)s/200mL	1次/批、班
		干燥速度	(24±3)min/5mL	1次/批、班
3	喷枪	口径	2.5mm	—
		重量	248g	—
4	喷枪状态	釉浆吐出量	(9±1)s/200mL	每枪1次/班
		釉浆吐出形状	枪距约为400mm，喷釉面:φ150mm±20mm	每枪1～2次/班
		坯体喷釉厚度	釉厚要求:0.7～1.0mm，特殊部位可减薄	每班测定1件
5	喷釉作业	青坯表面温度	20～35℃	每班测定1次
		釉厚	0.7～1.0mm,特殊部位可减薄	釉浆性能及作业稳定时,每班测定1次,不稳定时,视情况增加测定次数
		喷釉遍数	3～4遍	同上
		釉浆压力(釉压)	0.2～0.3MPa	同上
		雾化压力(风压)	(0.6±0.1)MPa	同上
		枪距	约400mm	同上
		喷釉角度	垂直	同上
		喷釉面	φ150mm±20mm	同上
		喷枪行走间距	约70mm	同上

表 2-11 易洁釉人工施釉工艺参数的实例

序号	项目	工艺参数	易洁釉人工施釉	
			管理值	管理频度
1	作业环境	温度	25～35℃	每班观察、记录
		湿度	50%±20%RH	每班观察、记录
2	釉浆性能	批号	符合批号要求	1次/批、班
		温度	(25±2)℃	1次/批、班
		浓度	(300～350)g/200mL	1次/批、班
		黏度(流动性)	(130±20)s/200mL	1次/批、班
		干燥速度	(13±3)min/5mL	1次/批、班

序号	项目	工艺参数	易洁釉人工施釉	
			管理值	管理频度
3	喷枪	口径	1.5mm	—
		重量	191g	—
4	喷枪状态	釉浆吐出量	(9±1)s/200mL	每枪 1 次/班
		釉浆吐出形状	枪距为 300~400mm，喷釉面：ϕ90mm±10mm	每枪 1~2 次/班
		坯体喷釉厚度	釉厚要求：0.1~0.2mm	每班测定 1 件
5	喷釉作业	青坯表面温度	20~35℃	每班测定 1 次
		釉厚	0.1~0.2mm	釉浆性能及作业稳定时,每班测定 1 次,不稳定时,视情况增加测定次数
		喷釉遍数	1 遍	同上
		釉浆压力(釉压)	0.1MPa	同上
		雾化压力(风压)	(0.6±0.1)MPa	同上
		枪距	300~400mm	同上
		喷釉角度	垂直	同上
		喷釉面	ϕ90mm±10mm	同上
		喷枪行走间距	约 30mm	同上

2.1.3　施釉作业实例

2.1.3.1　洗面器施釉作业

某企业的洗面器施釉作业如下，供参考。

洗面器喷釉作业要求：按顺序喷釉，喷枪与施釉表面保持垂直，喷着面：ϕ150mm±20mm，枪距约为 400mm，釉层厚度标准：0.7~1.0mm，特殊部位可减薄，即减少喷釉遍数，喷釉 1 遍时，釉层厚度约为 0.25~0.3mm，喷釉 2 遍时，釉层厚度约为 0.5~0.6mm；喷枪的行走间距约为 70mm。釉面要喷实，釉面均匀平滑，不可有釉缕、釉点、坯渣、海绵渣等。

（1）青坯吹尘

将青坯轻拿轻放在喷釉橱内转台托架上，用半枪（空枪）风将坯体内外附着的污物等吹扫一遍。

（2）坯体喷釉、找枪

如图 2-35 所示，皂盒部位，下水口的 1、2 点位置，用实枪点枪喷釉 1 遍；喷釉时，喷枪与坯体施釉面垂直。

（3）盆内（洗净面）喷釉

如图 2-36 所示，将盆内（洗净面）划分为 5 个点位区，从盆内右侧 2 点位置起枪，按图示路线依次从 2、3、4、5、6 点区喷 1 遍釉，然后第 2 遍，再从 2 点位置开始按上述路线喷法再喷釉 1 遍，第 3 遍除 5 点区不喷外其余部位再喷釉 1 遍；不要出现丢枪，前立面与盆洗净面结合部位（棱角）不要出现堆釉、釉缕、溢水孔边棱挂釉。

图 2-35　找枪点位

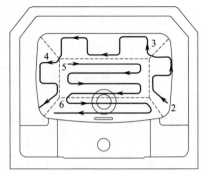

图 2-36　盆内（洗净面）喷釉路线

（4）正面盆沿喷釉

如图 2-37 所示，从左侧下部 7 点位置起枪，按盆沿图示路线来回共喷釉 3 遍；不要有流釉。

（5）龙头孔安装面喷釉

如图 2-38 所示，从左下部 8 点位置起枪，按图示路线共喷釉 3 遍；下部拐角部位不要出现堆釉。

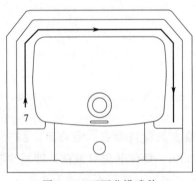

图 2-37　正面盆沿喷釉

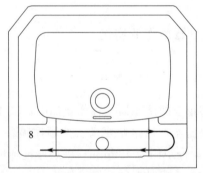

图 2-38　龙头孔安装面喷釉

（6）挡水沿喷釉

如图 2-39 所示，从左下部 9 点位置起枪，按图示路线喷釉 3 遍；下部拐角部位不要出现堆釉。

（7）挡水沿上面喷釉

如图 2-40 所示，从左下部 10 点位置起枪，按图示路线共喷釉 3 遍；下边沿部位不要出现釉缕、堆釉。

（8）盆内（洗净面）修正

检查盆内及喷完的釉面是否有釉缕、堆釉等，并用湿海绵轻蘸或轻轻擦拭发生部位将其擦平，不可用力或来回擦拭，避免造成釉薄或缺釉。

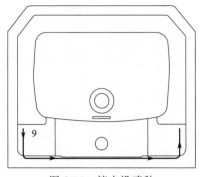

图 2-39　挡水沿喷釉

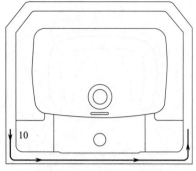

图 2-40　挡水沿上面喷釉

（9）外侧帮部位喷釉

如图 2-41 所示，从外侧帮下部 11 点位置起枪，分别从右侧帮、前侧帮、左侧帮按图示路线喷釉，共喷釉 3 遍。

（10）棱边喷釉

如图 2-42 所示，从棱边左面下角 12 点位置开始起枪喷釉，按左侧、正面、右侧的图示路线顺序喷釉，根据喷釉情况判定，喷釉 1～2 遍；控制釉不要喷入盆内（洗净面），以免造成釉厚。

（11）背面外侧喷釉

如图 2-43 所示，从右下 13 点位置起枪，按图示"S"形状的路线喷釉，顺序为右面、上面、左面，喷釉 3 遍。

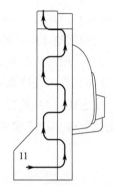

图 2-41　外侧帮部位喷釉

图 2-42　棱边喷釉

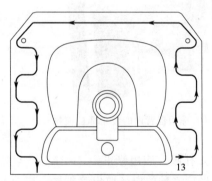

图 2-43　背面外侧喷釉

（12）背面内侧喷釉

如图 2-44 所示，从右下 14 点位置起枪，按图示路线喷釉 2 遍；注意控制釉层厚度，安装孔眼内不要出现堆釉。

（13）背面的支柱安装部位喷釉

如图 2-45 所示，从 15 点位置起枪，按图示路线喷釉 1 遍；注意控制釉层厚度。

（14）背面的棱角部位喷釉

如图 2-46 所示，从右下 16 点位置起枪，按右侧、上部、左侧棱角部顺序，即按图示路线喷釉，视喷釉情况而定，喷釉 1 遍或 2 遍。

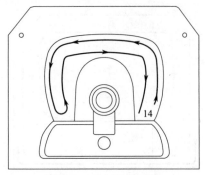

图 2-44　背面内侧喷釉

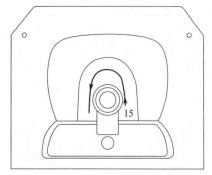

图 2-45　背面的支柱安装部位喷釉

（15）白坯修正

当釉面略干时，检查整体是否有釉缕、堆釉和滴釉现象（有釉缕、堆釉和釉滴的部位明显发湿），用海绵轻蘸或轻轻擦拭发生部位并将其擦平，不可用力或来回擦拭。

（16）盆内洗净面补枪

按上述（3）盆内（洗净面）喷釉的路线对洗净面虚枪喷釉 1 遍，如图 2-47 所示。注意防止枪距过小造成釉缕。

图 2-46　洗面器背面的棱角部位喷釉

图 2-47　盆内洗净面补枪

（17）孔眼、底边修正

① 将喷完釉的白坯取出喷釉橱，轻拿轻放在专用架台上；拿取时，身体不要蹭到釉面，避免发生釉薄、缺釉。

② 检查各安装孔及底边是否有釉缕、流釉等现象的存在，并擦拭处理，孔眼与底边釉处理不净，会造成孔小、底边装粘、釉粘等缺陷；用百洁布将底边的釉擦净，确保底边无釉。

（18）贴商标、标识

首先确认商标纸是否完好，使用车间统一配置的 CMC 浆在要求的位置贴商标；贴完商标后确认是否有标污、标脏、标歪等。

贴商标纸的作业方法见本章 2.1.2 下（8）的①。

贴标识的作业方法见本章 2.1.2 下（8）的④。

（19）喷易洁釉

待锆乳浊釉面干后再喷易洁釉，将要求喷易洁釉的白坯放到喷易洁釉的喷釉橱内，在要求的部位面喷易洁釉，施釉方法见本章 2.1.2 下（9）的④易洁釉喷釉作业。

（20）白坯点检，存放

完成施釉的白坯进行点检，确认外观质量，检查是否存在釉缕、堆釉、缺釉、商标和标识不良、孔眼流釉、釉面不平等缺陷，如有发生及时处理。

检查合格的白坯搬运至专用存坯架或搬运车上，运到指定地点或白坯库；坯体轻拿轻放，防止磕碰，按装载要求码放，避免运输破损。

2.1.3.2 分体坐便器施釉作业

某企业的分体坐便器施釉作业如下，供参考。

分体坐便器施釉作业要求：同本章 2.1.3.1 的洗面器施釉作业要求。

（1）青坯吹尘

将青坯轻拿轻放在喷釉橱内托架上，用半枪（空枪）吹扫上表面、洗净面、水道入口内泥渣灰尘及整体便器附着的污物等。青坯吹尘如图 2-48 所示。

（2）找枪

用实枪喷釉对重点部位先找一遍枪，主要是对易出釉薄和滚釉的部位。喷釉顺序主要为：水道入口→圈下沿→洗净面→坐圈与水箱安装面→坐便洗净面外下部→存水弯部位等；不要出现釉缕。

（3）水道入口内及坐圈下沿喷釉

如图 2-49 所示，将水道入口内分为上下层，从 1 点位置先喷下层，从下向上挑枪喷，四个方位挑 4 枪算一遍，共喷釉 3 遍；同样再从 2 点位置喷上

图 2-48 青坯吹尘

层；不可出现丢枪和流釉现象，当出现堆釉时，用喷枪向水道内两侧和内部用风吹扫；水道口不要出现存釉、流釉、釉缕、釉面薄或过厚等现象。

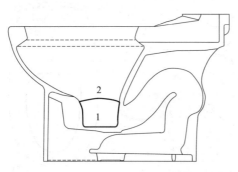

图 2-49 水道入口内喷釉

喷圈下沿时喷枪斜向上挑，喷到位（或圈下沿刷釉），喷釉一遍；圈下沿不要出现釉薄、圈眼堵塞。

（4）水道口上沿喷釉

如图 2-50 所示，从 3 点位置起枪，将水道口上沿转圈喷釉 1 遍；不要丢枪和出现流釉。

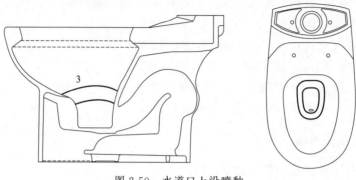

图 2-50　水道口上沿喷釉

（5）洗净面喷釉

如图 2-51 所示，从 4 点位置起枪并旋转转台，按图示路线喷釉 1 遍，喷坐圈里沿 1 遍，再喷洗净面第 2 遍；检查洗净面，如有滴釉、滚釉或釉缕要及时处理。

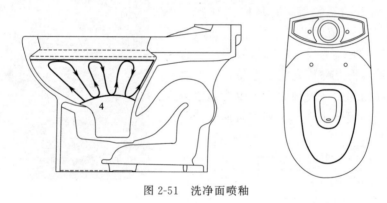

图 2-51　洗净面喷釉

（6）坐圈里沿喷釉

如图 2-52 所示，从 5 点位置起枪并旋转转台，按图示路线转喷 3 遍；检查圈沿，如有滴釉、釉薄及时处理。

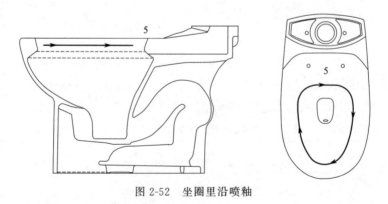

图 2-52　坐圈里沿喷釉

（7）坐圈上表面喷釉

如图 2-53 所示，从 6 点位置起枪并旋转转台，按图示路线转圈喷釉 3 遍；检查圈面，如有滴釉、釉薄、釉缕要及时处理。

（8）水箱安装筋喷釉

如图 2-54 所示，当安装筋较深时，需从 7 点位置起枪，按图示路线沿安装筋下角部位喷釉 1 遍。

（9）水箱安装面喷釉

如图 2-55 所示，从 8 点位置起枪，先按图示横向路线（虚线）喷釉 2 遍，再按图示竖向路线（实线）喷釉 1 遍；棱角处不要出现堆釉。

图 2-53　坐圈上表面喷釉　　　　图 2-54　水箱安装筋喷釉　　　　图 2-55　水箱安装面喷釉

（10）侧帮凹槽喷釉

如图 2-56 所示，从 9 点位置起枪，由里向外挑枪喷釉，喷釉 3 遍；侧帮凹槽内不要出现堆釉、釉裂、釉薄。

（11）侧帮找枪

如图 2-57 所示，从 10 点位置起枪，按图示路线喷釉 3 遍；喷枪要与坯体喷釉面垂直，侧帮凹角处不要出现堆釉、釉裂。

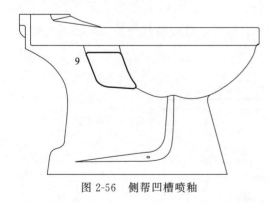

图 2-56　侧帮凹槽喷釉　　　　　　　　图 2-57　侧帮找枪

（12）腰部喷釉

如图 2-58 所示，从 11 点位置开始起枪并旋转转台，按图示路线喷釉 3 遍；喷枪要与坯体喷釉面垂直；腰部不要出现釉薄。

（13）侧帮喷釉

如图 2-59 所示，从 12 点位置起枪，先按图示横向路线（实线）喷釉 3 遍，再按图示竖向路线（虚线）喷釉 2 遍；侧帮及腰部不要出现釉薄或流釉。

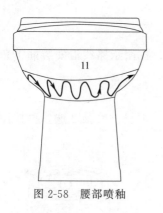

图 2-58　腰部喷釉

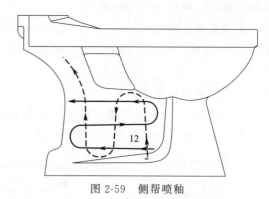

图 2-59　侧帮喷釉

（14）正前面喷釉

如图 2-60 所示，从 13 点位置起枪，先按图示横向路线（实线）喷釉 3 遍，再按图示竖向路线（虚线）喷釉 2 遍；注意不要丢枪。

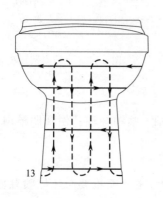

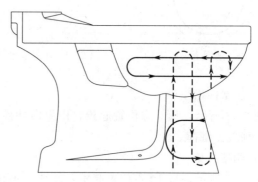

图 2-60　正前面喷釉

（15）圈外侧立沿

如图 2-61 所示，从 14 点位置起枪并旋转转台，按图示路线喷釉两圈；不要出现釉薄、釉缕。

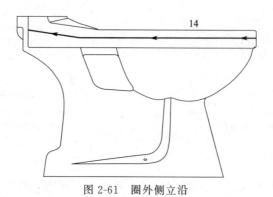

图 2-61　圈外侧立沿

（16）后部喷釉

如图 2-62 所示，从 15 点位置起枪，左右摆动转台约 30°角，按图示路线喷釉，喷釉 2 遍，最后在下底边喷釉 1 遍；不要出现釉薄、流釉或底边堆釉。

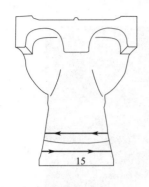
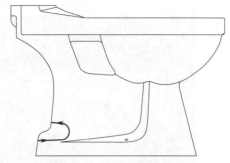

图 2-62　后部喷釉

（17）白坯检查修正

当釉面略干时，检查整体是否有釉缕、堆釉和滴釉现象（有釉缕、堆釉和釉滴的部位明显发湿）；用海绵轻蘸或轻轻擦拭发生部位并将其擦平，如图 2-63 所示。不可用力或来回擦拭。

（18）补枪

根据釉面擦拭修正程度，可按便器喷釉路线顺序再喷一遍虚枪（枪距约为 500mm）；注意釉厚，不要出现釉缕。

（19）底边修正

将白坯搬出喷釉橱，用刮刀将底边粘的浮釉刮除擦净，底部倒 1～2mm 斜棱，以防釉粘及掉釉。

（20）贴商标、标志

同本章 2.1.2.1 下（8）的①、④。

（21）喷易洁釉

同本章 2.1.3.1 下（19）。

（22）白坯点检、存放

同本章 2.1.3.1 下（20）。

图 2-63　检查釉面与擦拭

2.2　循环施釉线

循环施釉线是将喷釉的坯体放置在一个封闭的环形循环线上的转台上，循环线上设有青坯上线、青坯准备、喷釉、贴商标、白坯修正、喷易洁釉、白坯点检、白坯下线、托架清洗等作业位置和相应的装置，按作业位置设置作业人员，循环线缓慢移动，按顺序完成各个作业。喷釉橱设计为一排，设置多个喷釉作业工位，每位喷釉作业人员喷釉 1 遍，多名作业人员合作完成一个产品的喷釉作业。循环施釉线如图 2-64 所示。

与人工喷釉橱施釉相比，循环施釉线节省了产品在各作业之间的运送时间和辅助作业人员，减少产品在搬运中的磕碰，降低劳动强度。循环施釉线与人工喷釉橱作业的对比见表 2-12。

图 2-64　循环施釉线

表 2-12　循环施釉线与人工喷釉橱作业的对比

序号	项目	人工喷釉橱	循环施釉线
1	喷釉橱	单橱	多橱并排
2	托架	托架固定	托架循环转动
3	喷釉作业	1 名作业人员完成全部喷釉	设置多个喷釉作业工位,每位喷釉作业人员喷釉 1 遍,多名人员完成全部喷釉
4	上坯、下坯操作	多次	1 次
5	产品在搬运中的磕碰	—	减少
6	上坯、下坯作业人数	—	减少 50%
7	擦坯作业人数	—	减少 30%
8	设备投资	—	是人工喷釉橱的 4 倍
9	喷釉效率	—	喷釉工序人均提高 20%～30%

2.2.1　循环施釉线施釉工艺

（1）循环施釉线工艺布置

根据每班施釉的品种、数量的要求，确定循环施釉线各作业区人员数量和各区的长度，为循环施釉线的设计提供依据。

工艺布置如图 2-65 所示，包括 9 个作业区：上坯区、擦坯区、人工喷釉区、白坯修正区、贴标区、易洁釉区、白坯点检区、卸坯（下坯）/擦底区、托架清洗区。

（2）循环施釉线的作业流程

循环施釉线的作业按作业区进行；喷釉由几位喷釉人分别喷釉，合作完成；增加了托架的清洗作业区。青坯的水道灌釉、圈下刷釉在上线前完成。

① 循环施釉线作业流程：如图 2-66 所示，图中虚线的作业在循环线上连续进行。

② 循环施釉线作业内容：见表 2-13。

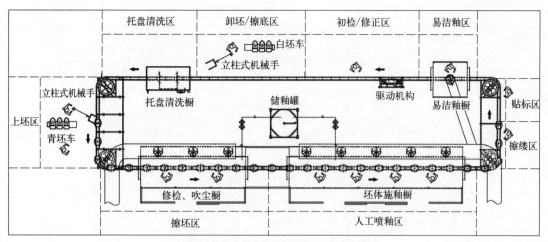

图 2-65　循环施釉线工艺布置图

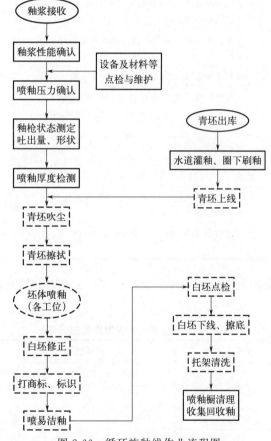

图 2-66　循环施釉线作业流程图

表 2-13　循环施釉线作业内容

序号	作业名称	作业内容	作业担当者	作业区
1	作业环境、条件确认	对作业环境、作业条件进行确认,详见表 2-5	班长、作业者	青坯产品上线前完成
2	釉浆批号、性能确认	对釉浆批号、性能进行确认,详见表 2-6	班长	

续表

序号	作业名称	作业内容	作业担当者	作业区
3	水道灌釉	同本章的表2-4中水道灌釉的内容	水道灌釉工	青坯产品上线前完成
	圈下刷釉	同本章的表2-4中圈下刷釉的内容		
4	青坯上线	用助力机械手或人工将青坯搬运到循环施釉线的坯体托架上	上坯工	上坯区
5	青坯吹尘	将坯体上附着的灰尘、泥渣等污物吹净	吹尘工	擦坯区
	青坯擦拭	擦除坯体表面灰尘与异物,确认坯体干湿度,给青坯适当补水,使坯釉结合性能更好	擦坯工	
6	喷枪状态测定	调整釉浆吐出量、釉浆吐出的形状;测定坯体喷釉层厚度,详见表2-7	班长	人工喷釉区
7	喷釉	青坯运转到人工喷釉区,各工位的喷釉作业人员每人喷釉1遍,合作完成喷釉	喷釉工	
8	白坯修正	坯体喷完釉后,对白坯釉面点检确认是否有釉缕、堆釉等,用湿海绵将发生部位擦拭修正	喷釉工	白坯修正区
9	打商标、贴标识	按工艺操作要求在白坯规定位置上打商标,贴标识	打标工	贴标区
10	喷易洁釉	按产品要求在白坯的规定部位喷易洁釉	喷釉工	易洁釉区
11	白坯点检	白坯整体釉面点检确认是否有釉薄、流釉、标识不良等缺陷。对点检有问题的要修正或坯体下线处理	白坯点检工	白坯点检区
12	白坯下线、擦底	点检合格的白坯,用助力机械手或人工将白坯抬起,进行底边堆釉、装窑支撑面余釉等处理,用海绵与刮刀等对发生部位擦拭修正	下线、擦底工	卸坯、擦底区
13	托架清洗	对空置的托架进行清理,用水将附着在托架上的余釉清洗干净	不设专人	托架清洗区
14	喷釉橱清理	每班对循环线上喷釉区的喷釉橱进行清理,收集回收釉	喷釉工	作业后进行

各品种产品喷釉作业的分工,以连体坐便器、分体坐便器、洗面器、小便器、水箱为例进行说明,见表2-14。

表2-14 各品种产品喷釉作业的分工

序号	产品品种	预喷重点部位	整体喷釉		整体加重点部位喷釉
		工位1	工位2	工位3	工位4
1	连体坐便器	洗净面、圈下	整体第1遍	整体第2遍	整体第3遍和重点部位
2	分体坐便器	洗净面、圈下	整体第1遍	整体第2遍	整体第3遍和重点部位
3	洗面器	洗净面	整体第1遍	整体第2遍	整体第3遍和重点部位
4	小便器	洗净面、圈下	整体第1遍	整体第2遍	整体第3遍和重点部位
5	水箱	无	整体第1遍	整体第2遍	整体第3遍

(3) 主要技术参数(部分数据为举例)

整体外形尺寸(长×宽×高):28m×4.8m×1.0m(橱体高2.6m);

运行速度:1.5～4.5m/min;生产中,根据作业的需要确定循环线运行速度;

作业区数量：9 个；

托架数量：52 个；

锆乳浊釉喷釉工位：4 个；

易洁釉喷釉工位：1 个；

压缩空气压力：0.6~0.8MPa；

供水压力：0.3MPa；

上下坯形式：人工搬运或助力机械手搬运；

装机功率：9kW（不含除尘）。

（4）人员配置及产量（以某企业为例）

① 用于洗面器的施釉：

作业人员数量：15 人。

人员分工如下：

上坯工：2 人；吹尘工：1 人；擦坯工：1 人；喷釉工：3 人；白坯修正：1 人；打标工：3 人；易洁釉喷釉工：1 人；白坯点检工：2 人；下线、擦底工：1 人。

产量：1300 件/班。

② 用于水箱的施釉：

作业人员数量：14 人。

人员分工：与洗面器基本相同，无易洁釉喷釉人员。

产量：1550 件/班。

2.2.2　循环施釉线设备构造

循环施釉线由功能作业区、链条循环系统和辅助系统组成。主要设备包括：链条循环系统、上线助力机械手、除尘系统、吹尘橱、吹尘系统、供气系统、喷釉橱、供釉系统、污水管道、供水管道、易洁釉橱、下线助力机械手、传动系统、托架清洗橱、托架。如图 2-67 所示。

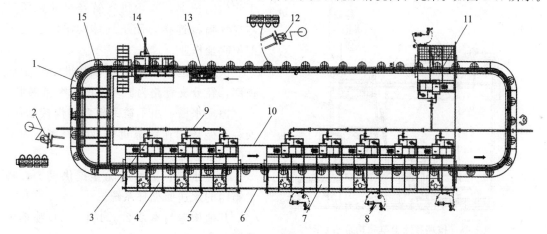

图 2-67　循环施釉线设备构造示意图

1—链条循环系统；2—上线助力机械手；3—除尘系统；4—吹尘橱；5—吹尘系统；6—供气系统；

7—喷釉橱；8—供釉系统；9—污水管道；10—供水管道；11—易洁釉橱；12—下线助力机械手；

13—传动系统；14—托架清洗橱；15—托架

（1）功能作业区

循环施釉线由9个作业区组成，各作业区的布置见图2-65，各作业区的主要设备、设施见表2-15。

表 2-15　各作业区主要设备、设施

序号	名称	作业内容	主要设备、设施	长度/m
1	上坯区	青坯搬运上线	上线助力机械手，见本章2.1.1下（5）的②	4.2
2	擦坯区	青坯吹尘，青坯外观点检、擦坯	吹尘橱、除尘系统、水槽	7.2
3	人工喷釉区	喷釉（由4个工位合作）	喷釉橱、储釉罐、供釉泵、供气装置、喷枪、除尘系统	12
4	白坯修正区	白坯釉面的擦拭、修正	水槽	2
5	贴标区	在白坯规定位置贴商标、贴标识	商标纸放置架、CMC浆桶	2
6	易洁釉区	在白坯规定部位喷易洁釉	喷釉橱、储釉罐（或吊桶）、供釉泵、供气装置、喷枪、除尘系统	2.5
7	白坯点检区	白坯整体点检确认、修正	工具放置架、水槽	7
8	卸坯、擦底区	白坯下线，白坯底部及装窑面残存釉的擦拭、修正	下线助力机械手同上线助力机械手	7
9	托架清洗区	对托架进行清理、清洗	清洗橱、供水泵	2.4

① 上坯区：配备独立的助力机械手，见本章2.1.1下（5）的②，将青坯搬运到循环施釉线的托架上。

② 擦坯区：由吹尘橱、吹尘供气管道、供水管道、擦坯水槽、托架、照明、除尘系统等组成，如图2-68所示。在吹尘橱中对青坯进行吹尘、擦坯作业。

吹尘橱：橱体由钢骨架与前侧板、侧面板、后侧板组成，橱体左右两侧设置进出口，用于输送线托架和青坯的通行。

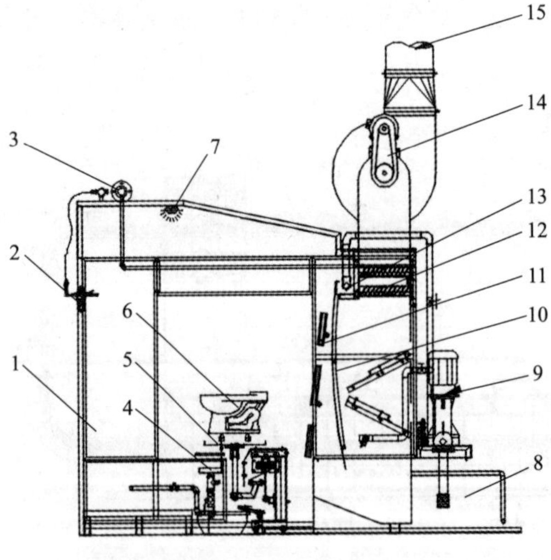

吹尘供气管道：压缩空气主管道敷设于吹尘橱顶部，吹尘供气管经过滤减压后与空气喷枪连接，用于坯体圈眼、水道等部位吹尘作业。

供水管道：供水主管道敷设于吹尘橱顶部，经分支管路为擦坯水槽、水箱供水。

擦坯水槽：由不锈钢板弯制焊接制作，安装于循环输送线靠近作业者一侧，为擦坯的供水容器。

循环水泵：为水浴除尘提供动力，将水箱内的水送回循环系统。

其他构造与本章2.1.1下（2）喷釉橱相同。

除尘方式：同本章2.1.1下（2）的③喷釉橱的水浴除尘，吹尘后的空气经水浴除尘处理，除尘后的空气经过除尘室顶部

图 2-68　擦坯和除尘单元构造示意图

1—吹尘橱；2—吹尘供气管道；3—供水管道；4—擦坯水槽；
5—托架；6—青坯；7—照明；8—水箱；9—循环水泵；
10—导流板；11—栅板；12—滤网；13—蓄水槽；
14—轴流风机；15—排气管道

出风口进入除尘器，再除尘后排出。

③ 人工喷釉区：为乳浊釉喷釉作业区，如图 2-69 所示。

图 2-69　人工喷釉区

人工喷釉区由喷釉橱、除尘系统、水循环管道、导流板、水箱、蓄水槽、集釉槽等组成，如图 2-70 所示。

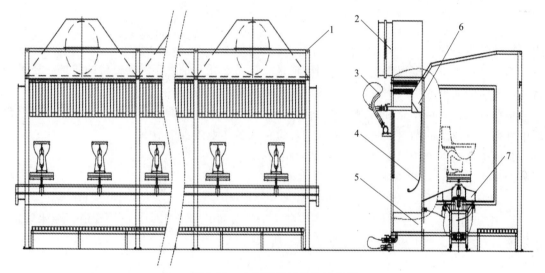

图 2-70　人工喷釉区构造示意图
1—喷釉橱；2—除尘系统；3—水循环管道；4—导流板；5—水箱；6—蓄水槽；7—集釉槽

喷釉橱设有 4 个喷釉工位，每个工位上设有移动的托坯架，各个工位之间没有挡板。

④ 白坯修正区：设有水槽等。

⑤ 贴标区：设有商标纸放置架、CMC 浆桶等。

⑥ 易洁釉区：喷易洁釉的作业区，为一个设有两侧进出口的双工位的喷釉橱，由集风系统、塑料帘、遮挡板、塑料台板等组成，如图 2-71 所示。

喷釉橱橱体：由橱体钢骨架与前侧板、侧面板、后侧板组成，橱体左右两侧设置进出坯口，用于输送线托架和坯体的通行。

集风系统：由轴流风机、集风罩、除尘管道等组成，用于喷釉过程中含尘空气的收集，并将其送入除尘器，处理后排出。

塑料帘：由厚度 4mm 半透明塑料板裁切制成，宽度 60mm、长度 500mm，设置于喷釉橱正面骨架横梁，防止作业期间橱内悬浮釉浆微粒向橱外逃逸，同时减小橱体正面截面面

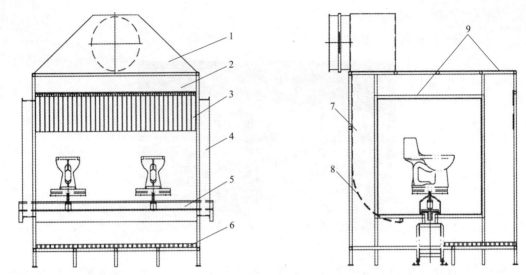

图 2-71　易洁釉区构造示意图

1—集风系统；2—前侧板；3—塑料帘；4—进出坯口；5—遮挡板；6—塑料台板；

7—侧面板；8—后侧板；9—橱体钢骨架

积，提高除尘风速。

遮挡板：由不锈钢板弯制而成，用于输送线链条、托盘轴承等运动机构的防护，还可以将坯体表面的流釉或空气中较大的釉滴汇集后导入釉料回收斗内。

塑料台板：人员作业时的脚踏塑料台板，可通过下方支架调整作业者工作高度；塑料台板中有孔，将遗落的釉料或杂物导入地沟，避免人员作业过程中滑倒。

其他构造与本章 2.1.1 下（2）喷釉橱相同。

⑦ 白坯点检区：设有工具放置架、水槽等。

⑧ 卸坯、擦底区：设有助力机械手等。

⑨ 托架清洗区：托架清洗区设置一组托架清洗装置，由清洗橱、喷气管道、喷水管道、污水槽、集水槽、挡水板等组成，如图 2-72 所示。

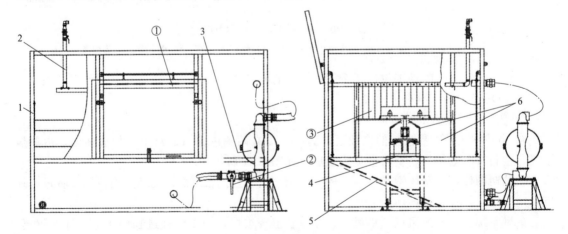

图 2-72　托架清洗装置构造示意图

1—清洗橱；2—喷气管道；3—喷水管道；4—污水槽；5—集水槽；6—挡水板

①—观察窗；②—隔膜泵；③—塑料帘

清洗橱：采用不锈钢拉丝板制作，两侧设有进出口，用于托架的进出，侧面设有图 2-72 中的观察窗①。

喷水管道：布置于清洗橱内顶部，靠近托架进口部位；喷水管道与隔膜泵的出口连接，托架进入清洗橱后，喷水管道启动，将加压后的水喷至托架，清除釉浆。也有用管道泵替代气动隔膜泵的做法。

隔膜泵主要技术参数：功率 2.2kW；流量 15.2m³/h；扬程 26m；转速 2900r/min。

喷气管道：布置于清洗橱内顶部，靠近托架出口部位；托架清洗完成后，经喷气管道将托架上的残存水分吹除。

集水槽：清洗过程中，收集托架清洗过程中的釉水混合物，经输送链条挡水板外壁、橱体挡水板内壁等回流至集水槽，再经侧面设有图 2-72 中的隔膜泵②送入喷水管道，循环使用。集水槽内设有浮球装置，并与供水管道连接，当水位低于一定高度时自动补水。

挡水板：安装于输送线线体和进出口等部位，避免清洗或压缩空气喷吹过程中的水流、气流飞溅至清洗橱外，也对内部经过的输送链条、托架转动机构进行防护。

塑料帘：安装于清洗橱侧门，其用途与挡水板部分相同，防止水或釉水飞溅至清洗橱外。

（2）链条循环系统

链条循环系统是循环施釉线构造的核心，通过传动机构驱动链条运行，将各作业区连接起来，实现青坯、白坯的自动流转。链条循环系统由转台、链条、机架、回转机构、动力单元、导轨、电控系统等组成，如图 2-73 所示。

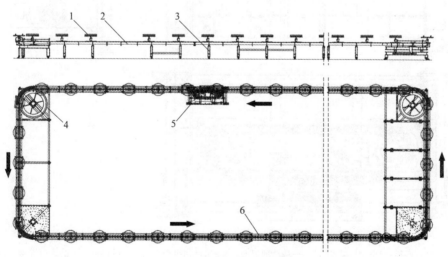

图 2-73　链条循环系统示意图

1—转台；2—链条；3—机架；4—回转机构；5—动力单元；6—导轨

① 转台：由底板、转轴装置、托架等组成。

底板底部铺设耐磨板，耐磨板采用聚四氟乙烯材质，减少底板运行过程中与轨道之间的摩擦阻力。

转轴装置采用"轴-套"结构设计，其接触部位安装滚动轴承，使转台连同青坯在作业时可以转动。轴套缝隙处用防水胶垫和 O 形圈进行密封，防止作业时釉浆、水进入"轴-套"连接结构内，影响轴承的转动。

　　托架：放置于转台之上，其上放置坯体；由不锈钢支撑板和橡胶条制成，尺寸可根据坯体的大小进行调整，可更换。

　　② 链条：链条铺设于导轨内，采用模锻链条 X458，节距 $P=102.4\text{mm}$；链条通过链条销轴、连接板、牵引板、轴承等部件与托架底板靠前部位连接，链条运动时牵引转台同步运行；同时，转台底板靠后部位通过螺栓与牵引链节后侧的链节连接，起到牵引导向作用，链节之间的间距根据环形转弯半径和转台底板稳定性进行设计。

　　③ 机架：由固定机架、支腿、张紧机架等组成。固定机架和支腿用于导轨的安装，并在导轨两侧设置封闭式防护板；张紧机架具有调整功能，使链条具有张紧功能。

　　④ 回转机构：由分别安装于固定机架和张紧机架的 4 个回转轮构成，用于链条运转时的转向。

　　⑤ 动力单元：通过电机减速机与驱动链条拖动转台，使转台围绕环形导轨运行，由机架、电机减速机、主动轴组合、从动轴组合、驱动链条、链条挡辊组等组成，如图 2-74 所示。

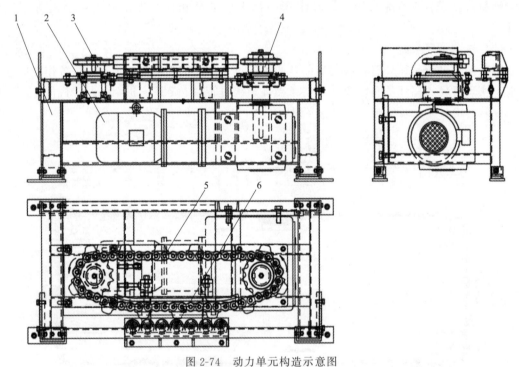

图 2-74　动力单元构造示意图

1—机架；2—电机减速机；3—从动轴组合；4—主动轴组合；5—驱动链条；6—链条挡辊组

主要技术参数：

　　电机减速机型号：KA107R77DRE132M4（SEW）；传动功率：5.5kW；驱动链：X458 驱动链；驱动拨头数量：13 个；调速方式：变频无级调速；输送速度：1.5～4.5m/min，可调。

　　⑥ 导轨：由导向板和导轨垫板组成。导向板和导轨垫板均固定于机架上方，链条在动力单元驱动下运行于导向板中心，并带动与其连接的转台在导轨垫板上摩擦运行。

　　⑦ 电气控制系统：包括控制单元和元器件（包括空气开关、继电器、接触器、除尘风机、清洗水泵、照明等），核心控制单元采用变频调速，根据喷釉时间的要求，可实现循环线的运行速度在 1.5～4.5m/min 范围内调整。

⑧ 控制柜：控制柜用于输送线的电机变频驱动及除尘风机、搅拌机、照明等的控制。控制元件集中安装在控制柜内，在控制柜面板上设有各种操作按钮及紧急停止按钮；设备操作模式包括工频模式（即工业交流电频率50Hz，定速运行）、变频模式（通过变频器改变交流电的频率，以达到调速的目的），可根据需要进行两种控制方式的切换。

控制柜面板布置如图 2-75 所示。

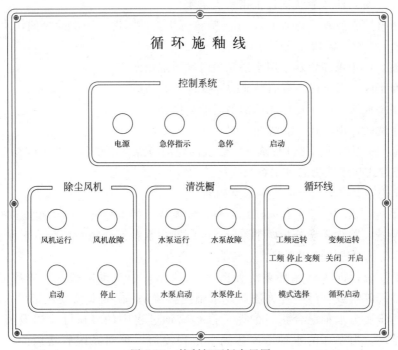

图 2-75 控制柜面板布置图

控制按钮及指示包括：

除尘风机：风机运行指示灯、风机故障指示灯、启动按钮、停止按钮；

清洗橱：水泵运行指示灯、水泵故障指示灯、水泵启动按钮、水泵停止按钮；

循环线：工频运转指示灯、变频运转指示灯、模式选择扳钮开关（工频、停止、变频）、循环启动扳钮开关（关闭、开启）。

（3）辅助系统

辅助系统包括供釉系统、供气系统、给排水系统、吹尘系统、除尘系统，各辅助系统的功能及主要设备、设施见表 2-16。

表 2-16 辅助系统功能及主要设备、设施

序号	名称	功能	主要设备、设施
1	供釉系统	喷枪供釉	储釉罐、过滤器、隔膜泵、供釉管道、阀门
2	供气系统	助力机械手供气，喷枪供气，釉浆加压供气，青坯吹扫供气	空气过滤器、调压阀、供气管道、阀门
3	给排水系统	为除尘系统、作业用水槽供水	水过滤器、供水管道、阀门
4	吹尘系统	将坯体表面、水道内、水圈内灰尘、坯渣等清除	吹尘管道、调压阀、阀门
5	除尘系统	为吹尘橱、喷釉橱提供除尘功能	除尘机、吸尘管道、外排管道、电控系统

① 供釉系统：供釉系统分为锆乳浊釉供釉和易洁釉供釉，分别参见本章2.1.1下（3）和本章2.1.2下（9）。

② 供气系统：供气系统主管道采用DN50 PPR管或不锈钢管；供气点主要包括：锆乳浊釉喷釉橱、易洁釉喷釉橱、吹尘橱、助力机械手、托架清洗橱。二次除尘方式采用滤筒脉冲式除尘器或烧结板脉冲式除尘器时，须提供脉冲振打用气。

③ 给排水系统：给水系统向以下用水点供水。

a. 喷釉橱（锆乳浊釉、易洁釉），用于喷枪等工具的清洗，一次除尘的供水，二次除尘如使用湿式除尘器时，需增加给水点；

b. 吹尘橱，用于擦坯，若采用水浴除尘时须增加给水点；

c. 坯体修正区，用于白坯表面局部的擦拭；

d. 卸坯、擦底区，用于坯体底部刮削后的擦拭；

e. 托架清洗区，用于托架的清洗。

排水系统：地面部分由沿环形输送线设置的地沟组成，收集各作业区的废水，通过排水管道、地沟等方式与建筑物的排水系统连接。

排水系统的排水收集点与上述用水点相同。

④ 吹尘系统：由吹尘管道接入压缩空气，经调压后接上软管或吹尘喷枪进行吹尘作业。

⑤ 除尘系统：除尘系统分为两个阶段，喷釉橱内水釉混合物的循环系统称为一次除尘，一次除尘后的空气再进入除尘器除尘，称为二次除尘。

一次除尘系统，即水釉循环系统如图2-76所示，由气动隔膜泵、管路系统、水箱、储水槽、水幕板等组成（另一种方法加设水釉搅拌罐）；通过水釉（开始为水，随着作业中釉浆混入逐步变为水釉混合物）的循环进行喷釉过程中的一次除尘以及喷釉过程中釉料的回收、循环。当循环的水釉浓度达到一定程度后，须对系统管道内的集釉以及水箱内的水釉进行回收，由制釉车间处理后再利用，再利用方法见本章2.1.1中（2）的③中的叙述。

工作原理（参见图2-76）：

a. 水釉循环系统启动前，先将水经橱内供水管道19→7→8→13→12→18，装满水箱15；

b. 作业时，气动隔膜泵3将水箱15内的水，通过管道16→17→9→3→8→13→12送至蓄水槽18，蓄水槽中的水溢流后在重力作用下沿水幕板14形成水幕，并重新流入水箱15；

c. 气动隔膜泵3按要求将水箱15内的水重复b的循环。

另一种水釉循环方法：图2-76中增设水釉搅拌罐10，其构造见2.1.1.（3）.②，进行水釉循环时，首先由供水管6将水釉搅拌罐装满水，利用水釉搅拌罐10与蓄水槽18的高度差，水釉搅拌罐10中的水经11→13→12进入蓄水槽18，蓄水槽中的水溢流后在重力作用下沿水幕板14形成水幕，并重新流入水箱15；气动隔膜泵3将水箱15内的水，按要求通过管道16→17→9→3→8→13→12送至蓄水槽18，形成循环。

作业完成后，保持水釉循环系统间断运行，防止水中混入的釉浆沉淀；一般情况下，水釉循环系统3天进行一次清理。

将气动隔膜泵3与下部放水总管17连接，可将水箱15中的水釉混合物送到制釉车间。

二次除尘系统，系统将一次除尘后的气体送入除尘器（或滤筒脉冲式除尘器），进行第二次除尘。除尘器见第4章4.1下（5）的②。

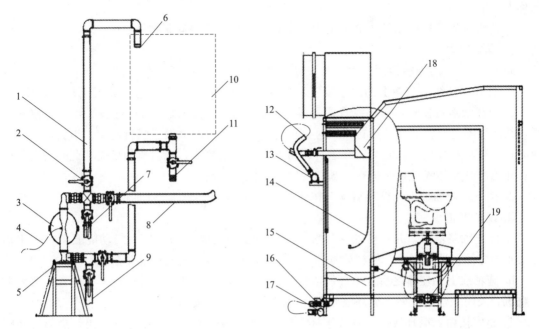

图 2-76　水釉循环系统构造示意图

1—塑料钢丝软管；2—不锈钢内衬蝶阀；3—气动隔膜泵；4—供气管路；5—泵支架；6—供水管；7—接口①（连接至供水总管道 19）；8—接口②（连接至上部供水总管 13）；9—接口③（连接至下部放水总管 17）；10—水釉搅拌罐；11—水釉排出口；12—上部供水支管；13—上部供水总管；14—水幕板；15—水箱；16—下部放水支管；17—下部放水总管；18—蓄水槽；19—供水总管道

2.2.3　循环施釉线设备管理及运行

（1）设备运行

① 运转前检查

a. 检查配气软管是否严密，压力是否符合工艺要求，压缩空气压力≥0.5MPa，压力过低时会影响喷釉效果；

b. 检查水釉循环系统中水的液位是否正常；

c. 检查轴流风机、引风机及电机安装是否牢固，各紧固部位有无松动；

d. 检查滑动轨道上是否有杂物，是否缺油，如缺油必须添加润滑油；

e. 检查控制系统的功能，如启动、急停、安全防护装置和各种动作按钮反应灵敏有效，各光电指示显示、通信连接是否正常；

f. 检查过程中发现问题及时解决，严禁带病作业；

g. 根据设备工作状况制定定期检修制度，确保设备始终处于良好的工作状态。

② 运转准备

a. 向储釉罐内加入符合要求的釉浆，储釉搅拌机开机运转前，要确认供釉泵是否正常工作，点动搅拌机判断搅拌轴旋向是否正确，正确的旋向是从上往下看为逆时针，如果相反应立即改正，磨合运转后再慢慢加载负荷；

b. 向喷枪供入压缩空气，并检查喷枪工作是否正常，调整、测定喷枪吐出量并符合工艺标准要求；

c. 清洗装置开机前水箱内必须加水，水量不足易造成隔膜泵损坏。

③ 设备启动

a. 在图 2-75 的控制柜面板上，依次启动除尘风机、清洗橱的水泵。

b. 打开循环线电控箱上的急停按钮，并确认现场各工段上的急停按钮处于开启状态。

c. 循环线运行模式，循环线有两种运行模式，工频运行或变频运行，工频运行模式时循环线速度不可调整，变频运行模式时，可通过变频器的调整设定运行速度。当扳钮扳到工频时，工频指示灯亮，此时为工频运行；当扳钮扳到变频时，变频指示灯亮，此时为变频运行；注意严禁循环线运行时进行工频和变频两种模式切换。

d. 按下控制面板上"循环启动"按钮，循环线开始运转。

④ 设备停止

a. 停止釉浆输送，并将供釉管与水管对接，循环线电控箱上启动气动隔膜泵，采用输送清水的方法清洗隔膜泵、供釉软管和喷枪；清洗完毕后关闭气动隔膜泵；

b. 施釉线上无坯体之后，循环线电控箱上将"工频/变频"扳钮扳到工频位置，关闭循环电机、关闭托盘清洗橱水循环隔膜泵、关闭除尘风机，关闭电源。

⑤ 急停按钮：循环线的上坯、下坯、吹尘橱、喷釉橱等处装有急停按钮，全部打开时才能启动循环线，任一位置按下急停后循环线停止。

（2）设备调试与维护

① 设备调试：设备安装作业完成后进行调试，使各系统运行良好，衔接配合准确。要求气源压力为 0.6～0.8MPa，压力过低时张紧气缸无法正常工作，出现链条松动、卡链、链条损坏等故障。

② 水幕的调整方法

a. 一次除尘系统中各喷釉工位对应的水幕板顶部高度不同，蓄水槽内溢出流量会不同，为使水幕达到均衡效果，需调整每个橱体后上部供水支管上的球阀，即上部供水支管开启80%，下部放水支管上的球阀全开进行调整，如开启循环隔膜泵一段时间后，该蓄水槽底部水位在原有位置基础上涨过快，要将上部供水支管上的球阀适当关闭一些。其他蓄水槽同样调整。

b. 水幕开启后，如两侧水幕不到位，要清理水幕板上异物或调整水幕板顶部水平度。

c. 作业中，蓄水槽中的水达不到规定液位时，须及时补水。

③ 设备维护保养

a. 链条的维护与保养：

• 定期检查链条松紧情况，链条过紧容易加快磨损；过松则传动工作有时抖动，使传动不平稳；

• 经常检查安全罩的牢固性；保持链条的清洁，不许铁屑等杂物掉入链条内，否则易加剧链条的磨损和发生断裂；

• 链条在运转中加油时，禁止戴手套，注意防止衣服、头发绞进链条和托盘中而造成人身事故；

• 每半年对链条进行一次清洁保养，链轮和链条都应用煤油进行清洗，表面均匀涂抹锂基润滑脂，空载运行 1～3 个循环之后再负载运行；

• 每 60 天对上下弯轨内表面均匀涂抹锂基润滑脂加油一次；

• 每 30 天再检查轨道位置对运行的牵引链条涂抹锂基润滑脂加油一次；

- 每 30 天对驱动链条涂抹锂基润滑脂加油一次。

b. 减速机的维护保养

- 新减速机第一次使用时，经运转 7～14 天的磨合期后，必须更换新油；使用至 3 个月时必须第二次更换新油；以后长期连续工作的减速器可 6～8 个月更换一次型号 85W-90 重负荷齿轮油；
- 使用过程中，要密切注意各传动部分转动灵活性，对使用过程中发现的异常声音及高温现象要加以分析，及时处理隐患，当发现轴承有异常声音时要及时检查，必要时更换轴承；
- 经常检查螺栓紧固程度和油量，减速机的油位低于油标尺的下刻度线时要及时补充；
- 为使减速机易于散热，其外表面要保持清洁，通气孔不得堵塞。箱体温升过高时，检查油位是否过高，确认周围散热条件。

c. 水釉循环系统的维护保养

- 必须保持设备、装置清洁；
- 集风口处的过滤器在使用过程中会吸入釉水黏附在过滤器表面，降低抽尘效果，使橱体产生振动和噪声，每周必须从橱体抽出用清水清洗干净后再重新装入；
- 每班要将蓄水槽、水幕板、水箱的水釉混合物抽出，用清水清洗积釉。

d. 轨道和转台的维护保养

- 每天启动前检查轨道，如轨道上有杂物，及时清理；
- 转台在使用过程中，可能进入釉水等杂物，使转台运转不灵活或出现卡滞现象，每班对转台的转动情况进行检查，每半年将转台拆卸一次，用煤油清洗轴承，清理轴承座内部润滑脂并加入新的润滑脂，清理后按照原顺序装回。

（3）易损件清单

① 电气部分易损件见表 2-17。

表 2-17　电气部分易损件

序号	名称	规格型号	单位
1	断路器	iC65N-C 20A 3P	套
2	接触器	LC1D18M7C 220V	套
3	中间继电器	RXM4LB2P7 230VAC	套
4	二位锁定扳钮头	ZB2-BJ2C	套
5	三位锁定扳钮头	ZB2-BJ3C	套
6	基座＋常闭触点	ZB2-BZ102C	套
7	常开触点	ZB2-BE101C	套

② 机械部分易损件见表 2-18。

表 2-18　机械部分易损件

序号	名称	规格型号	单位
1	滚动轴承	6008-2RZ	盘
2	滚动轴承	61909-2RZ	盘
3	O 形圈	54.5×5.3	件
4	二联体	AC40D-04DG-A	件

序号	名称	规格型号	单位
5	调压过滤器	AW40-04BDG-A	件
6	气动隔膜泵膜片（釉料用）	1in	件
7	气动隔膜泵膜片	2in	件
8	气动隔膜泵膜片	3in	件
9	喷枪	F200-P25	件
10	气动隔膜泵	DN80	件
11	链条挡板	SRXHSY.07.-4	件
12	轴承	6305-2Z	盘
13	双口油封	(F)B25×40×7	件
14	托盘底部及轨道摩擦板	超高分子量聚乙烯-Δ10	件

（4）设备安全要求

① 作业人员要求

a. 作业人员上岗前必须经过培训，经考核合格后方可上岗；

b. 循环施釉线上的作业人员必须穿戴好劳动防护用具。

② 操作要求

a. 循环线开机前，对设备进行例行检查，在设备运转、仪表显示正常、无油液外泄时方可运行设备，如有异常情况必须请专业人员进行处理，确认安全后方可运行设备；

b. 设备运行前和运行过程中，严禁非作业人员进入设备运行范围；

c. 在循环施釉线运行时，不允许从线上直接跨越，可通过跨梯跨越线体；

d. 循环施釉线电控柜和设备本身均设置有紧急停止按钮，按下时，施釉线及设备将立刻停止运行。一旦出现危及人员和设备的情况，必须立刻按下急停按钮。当紧急情况解除后需重新运行设备时，需在确认安全的情况下旋出急停按钮，重新启动。

③ 维修要求

a. 维修人员必须经过专门的培训，特殊工种须持有效的资格证方可上岗。

b. 任何人员不得拆除、短接设备的机械和电气安全装置。

c. 任何人员不得私自对设备结构和电气线路进行改动。

d. 设备维修期间必须切断电源；对涉及压力的管道进行维修时必须首先泄压，在压力降到安全值后方可进行维修。

e. 设备维修时，必须划定警戒区，设立警示标志，无关人员不得进入该区域，更不得私自接通电源。

f. 对涉及压力的设备，维修后必须经过相应的打压试验，试验合格后方可使用。

g. 对设备控制程序、电路进行更改后，必须对相应的紧急停止按钮和安全防护装置进行试验，确定其安全可靠后方可投入使用。

2.2.4 水箱施釉作业实例

以下为某企业循环施釉线上的水箱施釉作业实例。

进行作业环境、条件确认，釉浆批号、性能确认，青坯准备（吹尘、擦坯除外），喷枪状态测定等项工作，工作内容分别同本章 2.1.2 的（1）、（2）、（3）、（4），喷枪状态测定中喷枪的釉浆吐出量、釉浆吐出的形状，每班检测 2 次（作业前、作业中检测），然后进行以下作业。

（1）开启循环线

① 循环线移动速度是事先设定的，循环施釉线移动速度为 1.5～2m/min；循环线运行过程中，移动速度不可随意调整。

② 按规定做好设备日常点检及保养，按启动要求顺序开启循环线，开启后确认设备无异常。

③ 上托架，如图 2-77 所示，根据施釉品种准备与水箱相对应的托架，将托架稳固地放置在转台上。

（2）青坯上线

① 作业人员将青坯搬运至循环施釉线托架上，托架上 2 个水箱背对背放置，2 个水箱要保持一定间距，为减轻搬运劳动强度，该工位一般设置助力机械手搬运青坯。

② 将与水箱配套的水箱盖盖在水箱口上，如图 2-78 所示，放置带沿水箱盖时，前方箱体与盖之间要无间隙。

图 2-77　上托架

图 2-78　水箱盖的摆放方式

（3）青坯擦拭

坯体随循环线移动到擦坯工位；检查青坯的外观缺陷，用湿海绵满擦一遍，再用掸笔掸一遍，如图 2-79 所示；确保外观无缺陷、无坯粉，对于有缺陷的搬出，放在不合格产品区域。

（4）喷釉（锆乳浊釉）

完成青坯擦拭后坯体移动到喷釉区，进行各喷釉工位的喷釉作业。

① 青坯吹尘，喷釉第 1 个工位作业人员用空枪（半枪）吹扫坯体表面，将坯粉、附着物等吹掉，防止釉脏、滚釉等缺陷。

② 喷釉 4 个工位，一般设置 3 人，分别对坯

图 2-79　青坯擦拭

体整体喷釉 1 遍（共喷 3 遍）。喷釉时要用手中的木棍轻推托架使其旋转，如图 2-80 所示，确保釉面均匀。

喷釉顺序为：正面→两侧面→水箱盖上表面→背面（略薄）；

喷釉操作要求：喷枪与喷釉表面保持垂直，喷釉面：$\phi 150mm \pm 20mm$，枪距约为 400mm，釉层厚度标准：0.7～1.0mm，特殊部位可减薄，即减少喷釉遍数，喷釉 1 遍时，釉层厚度约为 0.25～0.3mm，喷釉 2 遍时，釉层厚度约为 0.5～0.6mm；喷枪的行走间距约为 70mm。釉面要喷实，釉面均匀平滑，不可有釉缕、釉点、坯渣等缺陷。

（5）白坯修正

青坯完成喷釉后坯体移动到白坯修正工位；当釉面略干时，检查喷完釉的白坯釉面，如有釉缕、流釉、堆釉等缺陷，用海绵将发生部位轻轻擦平，如图 2-81 所示。注意擦拭力度，防止釉薄或缺釉；如需要可在釉薄处补枪喷釉。

图 2-80　水箱喷釉（用木棍轻推托架，水箱旋转）

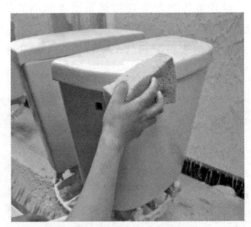
图 2-81　用海绵擦拭釉缕等缺陷

（6）贴商标、标识

白坯修正完成后坯体移动到贴标区，贴标工按要求将商标、标识贴在坯体规定位置。

① 确认商标纸是否完好，使用车间统一配置的纤维素在要求的位置贴商标；贴完商标后确认是否有标污、标脏、标歪等缺陷。贴商标纸的作业方法见本章 2.1.2 下（8）的①。

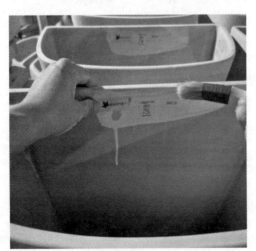
图 2-82　贴标识

② 按要求贴好其他标识，贴标位置一般在水箱内壁，如图 2-82 所示。贴标识的作业方法见本章 2.1.2 下（8）的④。

（7）喷易洁釉

水箱一般不喷易洁釉，也有订货方提出要求喷易洁釉的情况，如有要求，白坯传送至易洁釉喷釉橱区时，根据要求喷易洁釉。施釉方法参照本章 2.1.2 下（9）。

（8）下线，水箱口、底部修正

① 作业人员将移动到卸坯、擦底区的白坯从循环施釉线托架上取下，放置在作业台上。

② 用海绵将水箱上口、底边装窑面及水箱盖与水箱上口接触部位的浮釉擦拭干净，如图 2-83 所示；底部边沿处的流釉用刮刀刮除，并在底部边沿倒 1～2mm 斜棱，如图 2-84 所示，防止烧成时发生釉粘、掉釉，刮边掉落的坯粉渣不能沾到白坯上；检查整体釉面质量。

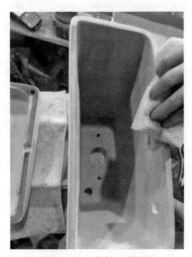

图 2-83　水箱口擦拭

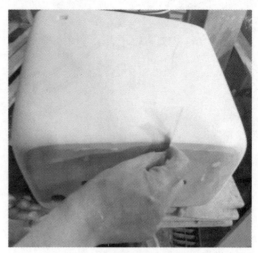

图 2-84　底部边沿处修正

③ 水箱盖涂刷氧化铝浆，在水箱盖与水箱上口接触部位涂刷氧化铝浆，防止烧成时可能发生的粘连缺陷，注意不要将氧化铝浆滴落到釉面上（也有的企业在产品装窑时进行此项作业）。

④ 将白坯搬运到送往其他工序的输送线上或按要求码放到运搬车上，要轻拿轻放防止釉坯破损。

（9）托架清洗

在作业结束或更换坯体托架时，作业人员要用刮板将黏留在托架上的釉刮掉回收，如图 2-85 所示。根据需要，开启托架清洗装置，清洗托架并确认托架的状态。

图 2-85　用刮板清理黏留在托架上的釉

（10）喷釉橱清理、收集回收釉

每日 2 班制时，白班只做以下①的工作内容；夜班及一班制时，要做以下工作内容。

① 将釉浆斗内的釉浆收集到釉浆回收桶内；

② 用适量的水清洗蓄水槽、水箱、导流板，并用隔膜泵将釉浆水抽至釉料回收桶；

③ 将供釉管道冲洗干净。

2.2.5　水箱机械施釉线

水箱机械施釉线专门用于水箱的施釉，如图 2-86 所示，具有设备简单、生产效率高的特点。

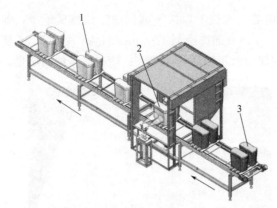

图 2-86　水箱机械施釉线立体示意图
1—喷釉后的白坯；2—喷釉中坯体；3—青坯

（1）主要技术参数

水箱输送线长度：12m；

喷釉橱及除尘器尺寸：（长×宽×高）3100mm×1050mm×1800mm；

输送线无级变速器型号：JWB-X0.55-40D；

转台减速机型号：NMRV050-100-0.18-F1-B6；

转台旋转轴承型号：30204（圆锥滚子轴承）；

转台升降气缸型号：SU—63×25（带磁环）；

出入门气缸型号：SU—50×600—LB（带磁环）；

输送线带座轴承型号：UCP205；

输送线带座轴承型号：B 型。

（2）设备构造

水箱机械施釉线主要由白坯输送线、除尘装置、喷釉橱、喷釉机构、青坯输送线等组成，如图 2-87 所示，还有供釉系统、供气系统、电控系统。

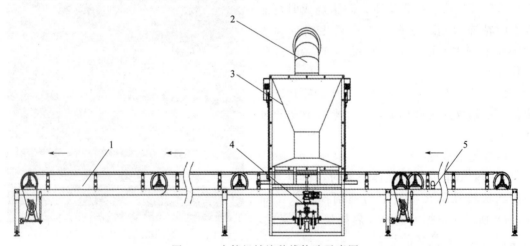

图 2-87　水箱机械施釉线构造示意图
1—白坯输送线；2—除尘装置；3—喷釉橱；4—喷釉机构；5—青坯输送线

① 白坯、青坯输送线：采用三角带输送方式，输送速度可进行无级调速。输送线按功能分为青坯输送线和白坯输送线，分别配备动力机构；青坯输送线将上线的青坯输送至喷釉橱的顶升转台上，白坯输送线将喷釉后的白坯由喷釉橱输送至下线位置。

② 除尘装置：采用湿式除尘器。湿式除尘器见第 4 章 4.1 下（5）的①。

③ 喷釉橱：喷釉橱框架采用角钢焊接框架，框架内外安装 5mm PVC 塑料板（或采用不锈钢材质），喷釉橱背部设置除尘通风口与除尘管道连接，喷釉橱两侧设置出入推拉门，当输送的青坯到达时，进口侧推拉门打开，喷釉作业时推拉门关闭，防止粉尘溢出，推拉门动力采用压缩空气驱动无杆气缸 SU-50×600-LB-S 实现；喷釉作业完成后，出口侧推拉门

打开，白坯输送出喷釉橱后，推拉门关闭。

④ 喷釉机构：由顶升转台和喷枪装置组成。顶升转台固定于喷釉橱框架上，由旋转轴、支撑座、导杆、减速电机、导向套、托盘、轴承、气缸等组成，如图 2-88 所示，顶升转台的转速可变频调节。

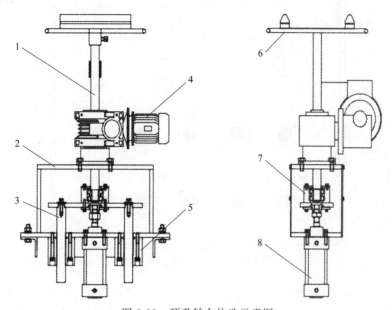

图 2-88 顶升转台构造示意图

1—旋转轴；2—支撑座；3—导杆；4—减速电机；5—导向套；6—托盘；7—轴承；8—气缸

喷枪装置分别安装于喷釉橱顶部和正面，正面装置安装在固定于地面框架的导杆气缸端部，由两组喷枪、夹持器、一台导杆气缸组成，气缸带动喷枪可实现往复升降运动；顶部装置由两组喷枪、夹持器组成，固定于釉橱顶部，喷枪不可移动。

喷釉作业：当青坯输送至转台上方后，青坯输送带停止运行，顶升转台的气缸将减速电机、转轴、托盘升起，使托架与青坯输送带的三角带脱离，在减速电机作用下带动转轴和托架变速旋转，转动圈数由旋转编码器检知并将信号反馈至 PLC；转台旋转时，正面两组喷枪装置同时打开，正面喷枪在导杆气缸作用下上下往复运动，对水箱的立面喷釉，顶部喷枪对水箱盖的上面喷釉。到达设定的喷枪上下移动次数和转台旋转圈数后，喷釉停止。

⑤ 供釉装置：同本章 2.2.2 下（3）的①供釉系统。

⑥ 压缩空气供应装置：同本章 2.2.2 下（3）的②供气系统。

⑦ 电控系统：由 PLC、变频器、接触器、继电器、计数器、接近开关、电磁阀等组成，实现输送线、气缸、旋转电机等设备自动或手动运转。电控系统控制面板如图 2-89 所示。

喷釉时间设定：可通过控制面板上的两个计数器进行设定，调整计数器上的数值，分别设置一个喷釉周期内喷枪上下移动次数和转台旋转圈数，喷枪上下移动、转台旋转分别设置位置检测传感器，将上下移动次数和旋转次数反馈至 PLC 并记录，当这两个次数达到计数器设定次数时，喷釉停止，转台停止旋转，导杆气缸缩回至初始状态，喷釉作业完成。

（3）设备操作

① 按启动要求顺序启动青坯、白坯输送线、除尘装置、喷釉机构，确认各设备无异常。

② 根据喷釉厚度的要求设定旋转速度、升降速度，调整旋转计数器、升降计数器的次数。

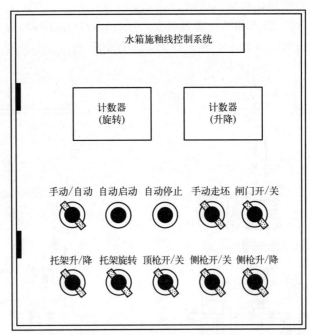

图 2-89　电控系统控制面板图

③ 将 2 个水箱青坯背对背地放置在青坯输送线上，在输送线上以步进方式运行。

④ 当输送的水箱青坯到达喷釉橱进口侧的推拉门时，推拉门打开，水箱青坯进入喷釉橱后经三角胶带输送线传输到顶升转台位置，顶升转台将水箱顶起，喷釉橱的进口、出口推拉门同时关闭，转台带动坯体旋转，带升降机构的喷枪、顶部喷枪电磁阀打开，进行喷釉。

⑤ 喷釉完成后，旋转台下降落到输送线上，喷釉橱的进口侧、出口侧的推拉门同时打开，白坯输送线运行，水箱白坯被输送线送出，在输送线末端将白坯下线；首件白坯从喷釉橱送出后，要对其进行喷釉质量确认，质量合格后，转入正常生产运行。

⑥ 白坯输送的同时，青坯输送线将青坯输送到顶升转台位置，开始喷釉作业。

⑦ 青坯水箱按一定间隔不断地放置在青坯输送线上，一个接一个地进行施釉，白坯不断地送出，作业过程自动控制。

（4）设备维护保养

① 每次启动设备前要检查所有紧固件是否有松动现象，如有松动应立即紧固；

② 设备使用中，应注意异常噪声、振动、温升、过载等情况，发现问题立即停机处理；

③ "急停"按钮只限于发生紧急情况下使用，频繁使用"急停"按钮，将降低电源开关的使用寿命；

④ 设备运转中，轴承部位应保证有足够的润滑脂，采用 2♯ 或 3♯ 锂基润滑脂进行润滑，每周向油杯注入一次，每次加油量为 15～20mL，每季度打开轴承盖检查轴承润滑和使用状态；

⑤ 及时清理电气元件上的灰尘和油渍，按相关说明书要求进行电动机、减速机的使用、保养、维护；

⑥ 每月检查一次电器接地和设备绝缘情况；

⑦ 除日常保养工作外，还应根据生产状况，建立大、中、小检修制度。

第3章
机器人施釉设备与作业

机器人施釉设备和机器人施釉工作站，是卫生陶瓷施釉设备的重大进步，设备、工艺技术趋于成熟，目前机器人施釉设备和机器人施釉工作站已得到广泛应用。

机器人喷釉是可以准确地模仿人工喷釉中作业人员的肢体动作，可以完全替代人工喷釉作业。人工喷釉的釉浆性能大致适用于机器人喷釉。机器人施釉可全天、全周连续工作，实现施釉工序的连续化，使施釉工序的作业时间与烧成工序的连续化作业匹配，也可满足装窑数量和待烧白坯产品库存的要求；坯体施釉质量比较稳定，合格率较高，辅助作业人员可远离粉尘点；机器人的设备投资较高；生产成本较低。

机器人喷釉在生产管理上要求管理水平更高，特别要保证作业时的人员及设备安全。机器人施釉与人工施釉的对比见表 3-1。

表 3-1　机器人施釉与人工施釉对比

序号	项目	人工施釉	机器人施釉
1	喷釉环境	喷釉人员处于粉尘环境	机器人处于粉尘环境
2	喷釉速度	—	提高到 1.5 至 2 倍
3	喷釉质量	有波动	稳定
4	喷釉缺陷率	3%	2%（减少 1%）
5	釉浆喷着率	60%～70%	70%
6	喷釉班次	1～2 班/日	可以 3 班/日，每周轮休 1 班或 1 天
7	喷釉作业连续化	很难	可以
8	对釉浆性能的要求	—	除一些要求外，与人工施釉基本相同，对釉浆性能的波动要求比较严格
9	电耗（举例）	0.604 度/件	0.819 度/件
10	设备使用管理	简单	工作量较大
11	人员培训	各工种均为 1 个月	与机器人有关工种为 1～2 个月，其他辅助工种与人工施釉相同

序号	项目	人工施釉	机器人施釉
12	人员要求	对喷釉工种的要求较高	无喷釉工种的人员
13	设备维护	简单	须设置设备维护专业人员
14	设备投资	较低	一次性投入较高
15	喷釉成本	—	略低于人工施釉成本

3.1 机器人施釉设备与装置

机器人施釉设备主要包括：机器人（喷釉机器人和搬运机器人）、自动喷枪、喷釉橱、釉浆搅拌罐、供釉系统、供气系统；辅助装置有坐便器水道灌釉机、除尘器（在第 4 章中介绍）等，由这些设备构成施釉系统。

3.1.1 机器人

卫生陶瓷制造中施釉工序用的机器人按功能分为两种：喷釉机器人（喷锆乳浊釉、喷易洁釉、喷圈下釉）和搬运机器人，这两种机器人均选用六轴结构，可以完全准确地模仿作业人员的肢体动作。六轴（指空间中的六个自由度，即 X、Y、Z 方向上的平移和旋转）工业机器人具有以下特性：

① 拟人化：六轴工业机器人的结构上有类似人的腰、大臂、小臂、手腕、手指等部分，在控制上导入传感器，可以模仿人的动作，提高了机器人对周围环境的自适应能力。

② 柔性化：六轴工业机器人配备相应的传感器可实现随工作环境及工件的变化进行识别和控制，适合小批量多品种的柔性制造生产线的应用。

③ 机电一体化：六轴工业机器人是机械学和微电子学的结合，工业机器人有各种传感器，可以获取外部环境信息，而且具有记忆功能、语言理解能力、图像识别能力、推断判断能力等人工智能。

卫生陶瓷生产中，随着对施釉机器人技术的进一步认知和导入，六轴机器人具有广阔的使用前景。施釉机器人的举例如图 3-1 所示。

（1）常用机器人类别

机器人的基本参数：施釉工序常用的喷釉作业机器人和搬运作业机器人的类别、参数汇总见表 3-2。机器人的品牌不同，参数会有一定差异，表中的数据仅作为选型时的参考。

图 3-1 施釉机器人

表 3-2　喷釉工序常用机器人类别、参数

类别	负载(最大)/kg	臂展 X/mm	臂展 Y/mm	重复定位精度/mm	设备质量/kg	用途
1-喷锆乳浊釉	20	1811	3275	±0.03	250	喷釉
2-喷易洁釉	8	2028	3709	±0.04	150	喷釉
3-搬运	165	2655	3414	±0.05	1090	搬运
4-搬运	210	2655	3414	±0.05	1090	搬运
5-搬运	210	3100	4304	±0.10	1180	搬运

（2）机器人示教

机器人示教是指操作者采用各种方法"告知"机器人所要进行的动作信息和作业信息等，并将相关信息进行储存以备自动运行时进行程序调用。这些信息大致分为三类：机器人位置和姿态、轨迹和路径点等信息；机器人任务动作顺序等信息；机器人动作、作业时的附加条件等信息，机器人动作的速度和加速度等信息和作业内容信息等。机器人常用示教方式有：示教器示教、离线示教、牵引示教。

① 示教器示教：通过操作示教器或由人工导引机器人末端执行器，使机器人完成预期的动作，以获取作业轨迹。相对于离线编程，具有适用性强、操作简便的优点，因此大部分机器人采用示教编程。

示教编程作业分为三个步骤：示教、存储、再现。这个程序是由操作人员按照坯体形状进行示教，示教机器人记录运动轨迹。目前，机器人编程还没有国际标准，各制造商有各自的机器人编程语言。

以某一示教器在线示教为例，如图 3-2所示，生成的程序数据储存于程序储存器，包括应用程序和系统模块两部分：a. 应用程序组成由主模块和程序模块组成，主模块包含主程序、程序数据、例行程序，程序模块包含程序数据和完成特定任务的例行程序。b. 系统模块包含系统数据和例行程序，机器人程序一般自带两个系统模块：USER模块和 BASE 模块，使用时对系统自动生成的任何模块建议不要进行修改。

示教器示教的优点：

a. 编程门槛低、操作简单方便、不需要环境模型；

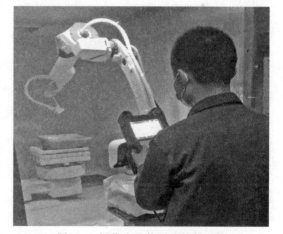

图 3-2　操作人员使用示教器示教

b. 机器人进行示教时，可以修正机械结构带来的误差；

c. 编程方式直观、程序修正方便。

示教器示教的缺点：

a. 示教在线编程过程比较烦琐；

b. 对机器人进行示教时需停机，占用机器人工作时间；

c. 因示教器品牌种类繁多，致使操作者学习量较大。

目前，示教器示教在喷釉工序使用较多。

② 离线示教：离线示教编程是通过软件在电脑里重建整个工作场景的三维虚拟环境，然后软件根据坯体的大小、形状，同时配合软件操作者进行模拟作业，自动生成机器人的运动轨迹，即控制指令；然后在软件中仿真与调整轨迹，最后生成机器人程序传输给机器人，如图 3-3 所示。

离线编程的优点：

a. 能够根据虚拟场景中三维实体形状，自动生成复杂的运动轨迹；

b. 可以控制大部分主流机器人；

c. 可以进行轨迹仿真、路径优化、后置代码的生成；

d. 可以进行碰撞检测；

e. 编程期间生产线不需要停止运行。

离线编程的缺点：

a. 可以生成简单的轨迹，没有示教编程效率高，例如在搬运上的应用，这些应用只需示教几个点，用示教器很快就可以完成，而对于离线编程，还需要搭建模型环境；

b. 模型误差、工件装配误差、机器人绝对定位误差等都会对其精度有一定的影响，需要采用各种方法来尽量消除这些误差；

c. 前期投入较大，需要购买机器人仿真软件，还需要提供产品或产品的三维数模。

③ 牵引示教：牵引示教是在机器人末端施加一定方向的力，通过电流检测输出 6 个分量的数据，指挥机器人做相应的动作，然后记录位置，完成示教工作，如图 3-4 所示。

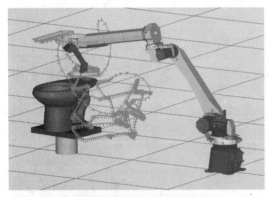

图 3-3　使用电脑进行离线示教

图 3-4　牵引示教作业

牵引示教也称为"力反馈示教"，其本质是一种柔顺控制，即操作人员可以轻松随意指挥它的运动。

牵引示教的优点：使用简单方便，不需要环境模型，适用于各种复杂曲面及造型。

牵引示教的缺点：

a. 机器人本体成本高，对检测传感器的精度要求高，机器人本体负载能力小；

b. 牵引示教的点位精准度低；

c. 示教程序生成后不能单独修改某个位置点或某一段路径程序，只能重新示教，使用过程中质量缺陷作修正的操作时间长。

牵引示教在卫生陶瓷施釉工序中较少使用。

3.1.2　自动喷枪

自动喷枪如图 3-5 所示,具有人工施釉喷枪的功能,置于喷釉机器人的最前端。自动喷枪的构造原理与人工施釉的喷枪相同,用气控装置替代人工喷枪的扳机,配合电磁(或气控)换向阀、调压阀完成喷枪自动开关、开度自动调整的功能。工作时,压缩空气将注入枪体内的釉浆经喷枪前部的喷嘴喷射出来,并将釉浆雾化成颗粒均匀喷于坯体表面。机器人上的自动喷枪大多安装一个,也有安装两个的,如图 3-6 所示。

图 3-5　自动喷枪

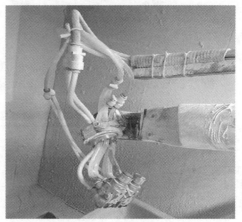

(a) 机器人上安装一个自动喷枪　　(b) 机器人上安装两个自动喷枪

图 3-6　机器人上安装的自动喷枪

(1) 技术参数

① 材质

a. 枪体:硬质铝合金;

b. 尖端部位黄铜装配:SUS304 不锈钢、硬质不锈钢 HRC58、镀镍、碳化钨;

c. 枪针:SUS304 不锈钢针体和针尾、不锈钢针体和硬质钢 HRC58 针尾、不锈钢针体和碳化钨针尾;

d. 喷头:不锈钢。

② 喷枪口径:喷锆乳浊釉喷枪口径为 2.8mm,喷枪重量:约 620g。

③ 外部接口

a. 釉浆入口和流体循环 "P",2′,最大 0.7MPa;

b. 空气入口(雾化+扇面),2′,最大 0.7MPa;

c. 气缸/触发 "Cyl",1′,0.4MPa<压力<0.7MPa。

④ 空气消耗量

a. E31:340L/min,气压:0.25MPa;

b. E63：450L/min，气压：0.35MPa；

c. E70：540L/min，气压：0.4MPa。

易洁釉喷枪口径为 1.0～1.5mm，喷枪重量（通用型实例）：620g。外部接口相同，空气消耗量略小。

（2）喷枪各部位名称与作用

自动喷枪结构如图 3-7 所示，各部件的作用见表 3-3。

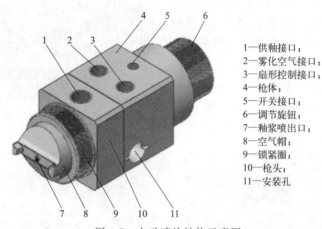

1—供釉接口；
2—雾化空气接口；
3—扇形控制接口；
4—枪体；
5—开关接口；
6—调节旋钮；
7—釉浆喷出口；
8—空气帽；
9—锁紧圈；
10—枪头；
11—安装孔

图 3-7　自动喷枪结构示意图

表 3-3　喷枪各部件的作用

序号	部件名称	作用
1	供釉接口	为喷枪提供釉浆
2	雾化空气接口	雾化压缩空气接入口，使进入喷枪的釉浆形成第一次雾化
3	扇形控制接口	接入的压缩空气经空气帽凸台上的小气孔喷出，调整第二次雾化后的扇形形状
4	枪体	集成各喷釉功能部件的载体
5	开关接口	接入的压缩空气驱动枪体内部的枪针，控制喷枪开关状态
6	调节旋钮	控制喷枪供釉量，顺时针方向旋转减小流量，逆时针方向旋转增加流量
7	釉浆喷出口	进入喷枪内的釉浆经压缩空气雾化后由喷出口喷出
8	空气帽	产生釉浆的第二次雾化，并保持扇形状态
9	锁紧圈	将空气帽与枪头通过卡扣结构紧密连接，锁紧圈与枪头压紧部位要安装垫圈
10	枪头	为雾化部件提供阀座，将釉浆导流至雾化空气气流中，使釉浆产生第一次雾化，并可通过旋钮调节釉浆的流量或切断通路
11	安装孔	喷枪与其他部件连接孔，用于喷枪的固定安装

（3）工作原理

自动喷枪喷嘴通过位于釉浆喷嘴和风帽之间的空间（即中心雾化孔）完成第一次雾化，位于喷枪风帽端面的气孔为二次雾化孔，与空气喷嘴的角度一致，使第一次雾化的釉浆产生二次雾化效果。二次雾化孔还具有以下几种作用：

① 使喷雾形状不扩展太快，并保持喷嘴的风帽端面清洁，如这些孔堵塞，将引起涡流或回流；

② 风帽的扇面控制孔提供气流形成扇形状态，风帽上的气孔数量及大小配合喷枪的整体进行设计。

（4）喷枪的使用

① 喷枪的调节

a. 扇形调节螺栓、雾化空气调节螺栓的调整：扇形调节螺栓在生产前已经调整好，不得随意调整，开度在五分之一处；雾化调节螺栓开度在更换新枪时务必进行喷出形状的检查，调整合格后进行生产；

b. 出釉量调节旋钮调整方法：关枪状态下调节出釉量旋钮，向左旋转为出釉量增加，向右旋转为出釉量减少；

c. 换枪针、枪嘴时务必将釉浆管路清洗干净，防止釉浆堵塞雾化气路；

d. 枪针和枪嘴要同时进行更换，不能只更换其中一项，新旧不可以合用。

② 喷枪操作

a. 顺时针旋转尾端棘轮调节旋钮，直到枪针完全闭合；

b. 逆时针旋转旋钮"扇面 fan"和"雾化 atom"，使其完全打开；

c. 调节压缩空气调压阀，使空气压力达到使用要求；

d. 逆时针旋转尾端棘轮调节旋钮，以获得所需的釉浆流量；

e. 测试喷雾：如果釉面太干或者太细，可通过降低进气口压力或顺时针旋转阀门（atom）来减少气流，或者逆时针旋转尾端棘轮旋钮来增加釉浆流量；

f. 如果釉面太湿，顺时针旋转调节尾端棘轮旋钮，减少釉浆流量或者降低釉浆压力。如果雾化太粗，应增大雾化空气入口压力；

g. 扇面调节：按顺时针方向旋转调节旋钮（FAN）可以减小扇面，逆时针方向旋转，可扩大扇面；

h. 工作结束后，关掉压缩空气和釉浆供应，将喷枪腔体减压后进行清洗。

（5）喷枪使用中常见故障、原因及对策

喷枪使用中常见故障、原因及对策见表 3-4。

表 3-4　喷枪使用中常见故障、原因及对策

序号	常见故障	产生原因	解决对策
1	加油孔处出现漏釉	枪针 O 形圈磨损严重，或装配时出现破损	更换枪针 O 形圈或调整装配方法
2	出釉量调节旋钮无法调节	使用时间过长，内部进入粉尘	拆下后对准加油孔加油或将调节旋钮卸下彻底清洗
3	枪嘴漏釉	①枪针没有进行每班加油，没有润滑导致枪针关闭不严	按要求每班加油
		②枪针活塞安装位置无润滑或有杂质	拆下后清理干净，活塞密封圈加黄油
		③枪针、枪嘴磨损严重，枪针从枪嘴露出超过 2mm，导致关闭不严	更换针嘴；枪针和枪嘴要同时更换，不可只更换其中一项，新旧不可以合用
		④进釉管筛网破损，导致枪嘴被釉浆中的颗粒卡住，或管路内其他杂质堵塞枪嘴	拆下枪嘴清理，安装枪嘴时禁止釉浆流出堵塞气孔，更换进釉管筛网
		⑤喷枪枪针中部的 O 形圈损坏导致釉浆窜进了气路，堵塞气路	更换 O 形圈
		⑥釉浆串气，枪嘴后部 O 形圈损坏造成压缩空气窜进釉路，釉路中进有空气	

序号	常见故障	产生原因	解决对策
4	枪嘴漏气	活塞安装部位粉尘多	清扫、加油
5	枪嘴不出气、没有雾化	①拆卸、安装枪嘴时釉浆流入枪嘴，干燥后堵塞雾化气孔	更换枪针、枪嘴，必要时清洗釉浆管路
		②电磁阀出现故障	清理电磁阀气路，更换电磁阀
6	喷枪喷釉过程中有空气现象	进釉管路浮出釉面或隔膜泵进口漏气	将釉管沉入桶内（注意与桶壁和桶底距离）；紧固隔膜泵进釉口管口卡箍
7	雾化效果差，釉浆颗粒大	喷枪枪帽残釉没有及时清理，残釉堵塞气孔	喷釉前枪帽浸水除去残釉，并检查气孔状态
8	其他说明	①扇形调节旋钮在生产前已经调整好，开度在五分之一处，不得随意调整；②雾化调节旋钮开度在更换新枪时务必进行喷出形状的检查，调整合格后使用；③供釉量调节旋钮调整方法：向左旋转为出釉量增加，向右旋转为出釉量减少，要在关枪状态下调节出釉量旋钮	

（6）喷枪的维护

喷枪的维护见表 3-5。

表 3-5　喷枪的维护

序号	维护内容	频度
1	枪针加油	2 次/班，使用缝纫机油
2	喷枪活塞清扫、加油	2 次/月，使用黄油或者工业凡士林
3	喷枪表面清洁	1 次/班，使用海绵、水
4	枪帽雾化气孔堵塞检查	1 次/班
5	枪针、枪嘴定期检查更换	1 次/月，平时不漏釉时不必更换，雾化的颗粒太大时需要更换
6	垫圈、O 形圈定期检查	发现漏气、漏釉现象要对喷枪进行检查，更换损坏部件

（7）易损件型号、描述及数量的实例

自动喷枪的易损件型号、描述及数量的实例见表 3-6。（详见喷枪附带说明书）

表 3-6　易损件型号、描述及数量

序号	型号	描述	数量
1	SPA-17-K5	枪嘴垫圈	1
2	SPA-100-E63	"常规"气帽，通径 1.8&2.0	2
	SPA-100-E70	"常规"气帽，通径 2.2&2.8	
	SPA-100-E31	"常规"气帽，通径 1.2&2.0	
3	SPA-16-K2	空气帽垫圈	1
4	SPA-250-28B-K	枪嘴，尖端入口不锈钢（1.2—2.0）枪嘴，尖端入口镀镍生铁（1.2—2.8B）	1
5	S-28218X-K5	5 号 O 形密封圈	1
6	SPA-416-K	枪针密封	1
7	SPA-10	密封垫圈	1
8	SPA-53-K10	10 号垫片	2

序号	型号	描述	数量
9	S-28220X-K2	2号O形圈	1
10	S-28225X-K2	2号O形圈	1
11	SPA-6X-K	活塞组件	1
12	S-28219X-K4	4号O形圈	2
13	SPA-350-DE SPA-351-DE SPA-351-22 SPA-351-28B SPA-352	针,pu针尖1.2—2.0 针,硬化S级淬火钢针尖1.2—2.0 针,淬火钢尖用于尖端2.2 针,淬火钢尖用于尖端2.8B 针,碳化钨尖,用于尖端2.2—2.8	2

3.1.3　供釉系统

供釉系统为机器人的自动喷枪供应釉浆,供釉系统由前部和后部组成。

3.1.3.1　供釉系统前部

供釉系统前部由储釉搅拌罐、过滤器、隔膜泵、供釉管道等组成,如图3-8所示。

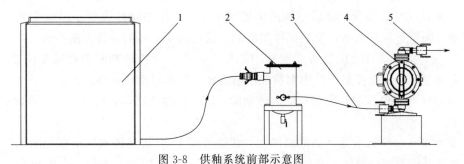

图3-8　供釉系统前部示意图

1—储釉搅拌罐；2—过滤器；3—供釉管道；4—隔膜泵；5—输釉端口

（1）储釉搅拌罐

储釉搅拌罐用于机器人施釉中釉浆的储存和供给。储釉罐常采用带搅拌和调温功能的装置,搅拌桨叶的旋转使长期储存在罐中的釉浆不沉淀,罐体外部采取保温措施。

① 技术参数：

罐体尺寸：ϕ1100mm×1260mm；

电机功率：1.1kW；

搅拌轴转速：12～23r/min；

容积：2m^3；

设备外形尺寸（长×宽×高）：1600mm×1600mm×2327mm。

② 设备构造：由搅拌装置、釉浆罐、罐体保温层、框架和底座、调温盘管和电气部分组成,如图3-9所示。

搅拌装置：由涡轮搅拌机、减速机底座、搅拌轴、联轴器、搅拌桨叶、轴承等组成,减速机经联轴器、搅拌轴将动力直接传递给搅拌桨叶,使搅拌桨叶以每分钟16转的转速对釉浆进行搅拌，搅拌机的转速可通过变频器进行调节。

釉浆罐：采用玻璃钢或不锈钢材质制作，罐体厚度为 3mm；罐体侧面靠近底部位置焊接不锈钢法兰两件，外接 PVC 球阀和凸轮锁紧器，分别用于釉浆的输入和输出；釉罐外壁做保温层。

罐体保温层：罐体外包裹厚度为 50mm 的岩棉进行保温，保温层外包裹镀锌板防护。

框架和底座：框架采用方管 100mm×100mm×5mm，底座采用工字钢 100mm×68mm×4.5mm，焊接制作；框架用于搅拌系统安装，底座用于支撑罐体和框架。

调温盘管：调温盘管采用不锈钢无缝管弯制制作，盘管进口设置电磁阀，控制盘管内水的流动；通过加入冷水或热水调节罐内釉浆的温度。

电气部分：由空气开关、接触器、继电器、温度控制器、变频控制器、电磁阀、热电偶等元器件组成，控制搅拌装置和调节罐内釉浆温度。

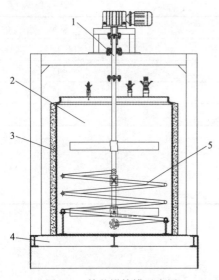

图 3-9　储釉搅拌罐示意图
1—搅拌装置；2—釉浆罐；3—罐体保温层；
4—框架和底座；5—调温盘管

③ 安装

a. 将搅拌轴组装装配，然后整体吊装到安装位置，使用螺栓固定于罐体支架上，搅拌桨叶用螺栓固定于搅拌轴上，安装搅拌桨叶时，需使两层桨叶的旋转方向一致。

b. 试运转前要确认油位是否在油标中心以上，点动搅拌机判断搅拌轴旋向是否正确，正确的方向为旋转时搅拌桨叶的角钢顶部向前旋转，如果相反应立即改正。

c. 试运转时要慢慢加载负荷；试运转期间，检查机器各部是否有异常，并及时处理。

④ 使用注意事项：

a. 轴承部位应保证有足够的润滑油脂，建议每周 1～2 次从传动轴承座上轴承压盖的黄油杯加注钙基润滑脂；减速机必须加注 85W/90 GL-5 级齿轮油，工作 1000h 更换一次；平行轴斜齿轮减速器的使用、保养、维护详见附带的减速器说明书。

b. 定期检查各部件的工作状态，发现损坏部件应及时更换。

c. 釉浆通过釉浆罐底部的管道进入罐内，要用 120 目的不锈钢筛网进行过滤。

d. 釉浆在釉浆罐内进行间歇式搅拌，根据需要调整搅拌机的转速。

e. 罐体上安装有釉浆温度检测装置，根据工艺要求控制冷热水的进出调整釉浆的温度。

（2）过滤器

过滤器外壳采用厚度为 5mm 不锈钢板焊接制成，壳体侧面上下部位开孔并安装凸轮锁紧器（DN40、PVC 材质），分别用于釉浆的输入和输出；120 目不锈钢筛网安装于过滤筛框架上，并用压板进行固定，置于壳体内部并将釉浆输入、输出口隔开；壳体底部呈球形，焊接不锈钢短管外接球阀（DN15、不锈钢材质），利于过滤器内部清洗和排渣。

（3）隔膜泵

采用 DN25 隔膜泵进行供釉，隔膜泵壳体材质为铝合金。

（4）输釉端口

采用快插式凸轮锁紧器，F＋C 型。

（5）输釉管道

采用网纹增强管，Φ38mm×48mm，PN0.6MPa。

3.1.3.2 供釉系统后部

供釉系统后部由隔膜泵、凸轮锁紧器、脉冲阻尼器、减压阀、气源三联件、手动球阀、隔膜压力表、自动喷枪等组成，如图 3-10 所示。

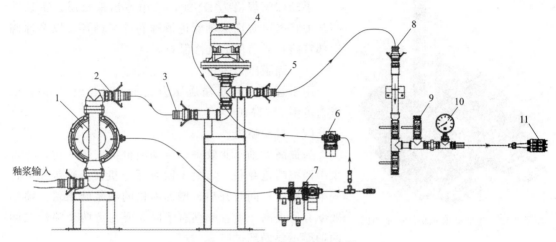

图 3-10　喷釉系统后部示意图

1—隔膜泵；2、3、5、8—凸轮锁紧器；4—脉冲阻尼器；6—减压阀；7—气源三联件；
9—手动球阀；10—隔膜压力表；11—自动喷枪

（1）供釉系统输入端

供釉系统输入端由隔膜泵、凸轮锁紧器组成，隔膜泵在本章 3.1.3.1 中已说明。

凸轮锁紧器：用于喷釉管道中釉浆输送元器件、管件之间的快速连接，包括图 3-10 中的 2、3、5、8。

（2）脉冲阻尼器

脉冲阻尼器如图 3-11 所示，由数显压力开关、罐体组成，与隔膜泵配套使用。脉冲阻尼器用于消除管道内釉浆压力脉动或流量脉动，可以稳定釉浆输出压力、流量，消除管道振动，保护釉浆管道，自动喷枪。

罐体采用厚度为 6mm 不锈钢材料制作，底部预留管道接口，内径 ϕ200mm，罐体高 500mm；数显压力开关用于罐体内压力状态检测，当压力值低于一定值时将压力信息传递给控制柜 PLC。压力开关型号：HC-YK102-A（DN50），量程 0~1.6MPa。由于脉冲阻尼器成本高，不易维护，也有用稳压罐代替阻尼器的做法，安装方式与阻尼器类似。

（3）减压阀

减压阀与脉冲阻尼器配套使用，通过调节脉冲阻尼器顶部输入空气的压力，使阻尼器达到最优的缓冲效果。

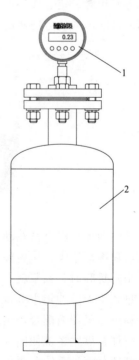

图 3-11　脉冲阻尼器构造示意图

1—数显压力开关；2—罐体

（4）气源三联件

气源三联件由空气过滤器、减压阀和油雾器三部分组成，其作用是将压缩空气中的水和
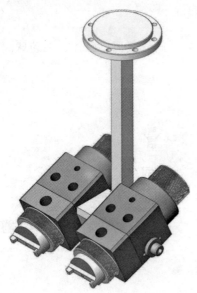
固体颗粒分离净化，再将压缩空气调整到自动喷枪需要的压力，油雾器是将空气进行雾化润滑，然后输送至气动隔膜泵，并对隔膜泵起到润滑作用，延长使用寿命。

（5）手动球阀

手动球阀规格为 DN20，采用不锈钢材质，手动球阀开关状态可实现送釉管道清理和釉浆循环，以及球阀后部管路和元器件的维修保养等。

（6）隔膜压力表

用于管道内釉浆输送压力显示，表盘直径 60mm，压力范围 0~1MPa。

（7）自动喷枪

为提高喷釉作业效率，自动喷枪可安装一把，也可采用两把喷枪并联，如图 3-12 所示，机器人喷釉作业过程中两把喷枪同时开启，增加喷枪的釉浆吐出量，喷釉效率有所提高，喷着率稍有下降，要注意两个喷枪之间的釉面不要局部过厚。

图 3-12　两个喷枪并联结构示意图

3.1.3.3　螺杆泵供釉系统

供釉系统中，也可以使用螺杆泵代替隔膜泵，螺杆泵的作用与隔膜泵相同，在供釉流量调节方面相对稳定、线性度更好。螺杆泵是依靠泵体与螺杆所形成的啮合空间容积变化和移动来输送液体或使之增压的回转泵，螺杆泵如图 3-13 所示。

图 3-13　螺杆泵

当主动螺杆由电机驱动时，带动与其啮合的从动螺杆一起转动，吸入腔一端的螺杆啮合空间容积逐渐增大，压力降低。釉浆在压差作用下进入啮合空间容积。当容积增至最大而形成一个密封腔时，釉浆就在一个个密封腔内连续地沿轴向移动，直至排出腔一端。螺杆泵具有流量和压力脉冲很小等特点，其构成的供釉系统具有控制精度高、响应速度快的特点，喷釉过程中与机器人配合，实现吐釉量根据需要随动调节功能。

螺杆泵供釉系统如图 3-14 所示。

螺杆泵喷釉系统采用可变速调节的螺杆泵作为供釉输送动力，通过科氏流量计对釉浆的流量实时监测，并将数据反馈给 PLC 控制端，PLC 根据实际值与设定值的差值自动调整泵

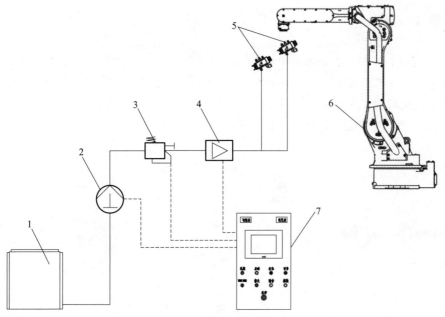

图 3-14　螺杆泵供釉系统示意图

1—釉浆罐；2—螺杆泵；3—远程控制稳压阀；4—科氏流量计；5—喷枪；
6—机器人；7—供釉系统控制柜

体的转速，达到喷枪供釉的稳定性。

气动隔膜泵与螺杆泵两种供釉方式的对比见表 3-7。

表 3-7　气动隔膜泵与螺杆泵供釉方式的对比

序号	气动隔膜泵供釉	螺杆泵供釉
1	需要定期测量釉浆吐出量	只需要提前设定流量即可,减少对吐出量的检测次数
2	隔膜泵在长期运行状态下,容易出现卡顿导致隔膜泵不供釉现象	螺杆泵运行稳定
3	釉量压力最大值受限于压缩空气供气压力,并随供气压力变化产生波动	釉浆的供给压力在 10kgf(1kgf=9.80665N)范围内,根据需要任意调节
4	当有喷枪喷嘴堵住的情况发生,隔膜泵不会对机器人或 PLC 系统发出警示,此时机器人继续喷釉会造成质量缺陷	当有喷枪喷嘴堵住的情况发生,系统通过流量计的变化立即报警,通知操作员及时处理
5	供浆压力范围局限性大,受釉浆性能变化和气压不稳定的因素所影响,釉量也随着气压变化而变化	①供浆压力不受釉浆性能和气压变化影响,可以通过科氏流量计自动调节,使釉浆出釉量保持恒定;②监控和统计实际釉的用量,在屏幕上直观显示流量调整;③压力调控响应速度≤0.5s,吐出量波动率控制在 5% 以内
6	喷釉中不能自动调节釉量大小,对一些部位须用较大吐出量提前补枪,易造成厚度不均匀和釉浆的浪费	在喷釉过程中可结合机器人移动程序、电控系统 PLC 自动控制螺杆泵输出量来调节釉浆吐出量大小
7	供釉管内的流量发生变化时没有自动检知功能,只能凭操作者的经验进行人为控制	供釉管内的流量自动检测,一旦流量偏离设定值,系统控制变频器来调节螺杆泵的转速,进行流量修正

3.1.4 供气系统

供气系统用于机器人施釉过程中喷枪、气动元件压缩空气的供给，按功能分为喷釉气路和控制气路，供气系统根据机器人施釉配置不同也存在一定差异，具体可根据需要进行管路铺设。以下说明转臂工位机器人施釉作业的供气系统，主要由调压过滤器、控制阀（组）、调压阀、气源三联件等组成，如图 3-15 所示。

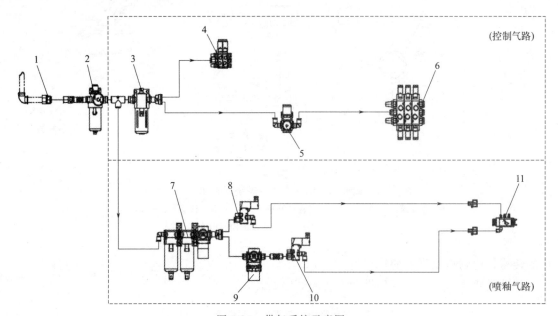

图 3-15　供气系统示意图

1—压缩空气接入口；2—调压过滤器；3—给油器；4—控制阀（组）（1）；5—调压阀（1）；6—控制阀（组）（2）；
7—气源三联件；8—控制阀（1）；9—调压阀（2）；10—控制阀（2）；11—自动喷枪

① 喷釉气路：经过调压过滤的压缩空气通过气源三联件 7（见图 3-15，下同）供给工艺气路，经控制阀 8 用于控制施釉喷枪的开关动作；经调压阀 9、控制阀 10 的压缩空气用于喷枪喷出釉浆的雾化调节，部分喷枪配置扇面气控调节控制接口，可根据功能需要布置相应气路。

② 控制气路：经过调压过滤的压缩空气通过给油器 3、调压阀 5、控制阀（组）6，用于推拉门和转臂的控制，实现推拉门的左右滑动，以及转臂的摆动；通过给油器 3、控制阀（组）4 控制气动调风门，驱动施釉橱除尘风门的开关；通过控制气路的切换达到两个喷釉工位的切换，当其中一个工位喷釉作业时，工位对应除尘风门打开，推拉门在气缸作用下将此工位封闭，另一工位转臂转出，从转台将釉坯搬离并将待施釉青坯按规定位置放好。

3.1.5 坐便器水道灌釉机

机器人施釉设备上常用的坐便器水道灌釉设备有线下灌釉机、线上喷吹灌釉机和线上底部灌釉机，三种灌釉设备的对比见表 3-8。

表 3-8　三种灌釉设备的对比

项目	线下灌釉机	线上喷吹灌釉机	线上底部灌釉机
坐便器的排污方向	根据需要预先人工调整或通过程序自适应调整	无要求	通过程序自适应调整
釉浆灌入方式	将釉浆从排污管出口（排污口）灌入	将釉浆从排污管入口灌入，压缩空气辅助喷吹	将釉浆从排污管出口（排污口）灌入
釉浆排出方式	坯体翻转一定角度，釉浆自行流出	压缩空气喷吹	大风量风机喷吹
釉厚控制方法	浸釉时间	浸釉时间和喷吹时间配合	浸釉时间
灌釉工位数量	两个	一个	一个
上坯、下坯方式	人工或移栽机构、机器人搬运	坯体在输送线上自动流转	坯体在输送线上自动流转
设备构造	灌釉机组，与输送线分离	框架式结构，安装于输送线一侧，悬在线体正上方	框架式结构，跨在线体正上方

3.1.5.1　线下灌釉机

线下灌釉机，坐便器的水道灌釉设备，有单工位、双工位的，也有更简单的，翻转和阀门控制由人工操作实现。双工位线下灌釉机如图 3-16 所示。

图 3-16　双工位线下灌釉机

双工位线下灌釉机构造如图 3-17 所示，由箱体、气缸、翻转架、灌釉机构、供釉管道、釉浆泵、压梁以及各种换向阀组成，各系统工作均由电控柜程序控制。

（1）技术参数

气源压力：≥0.4MPa；

气缸规格：SC80×300-CB，2 台；MAL20×150-CA，4 台；SDA40×60，2 台；

釉浆泵：25F-8D-0.25kW，2 台；

设备功率：0.5kW；

外形尺寸（长×宽×高）：1530mm×1606mm×1390mm；

设备重量：230kg。

（2）设备构造

箱体：灌釉机主支撑机构，由 1.5mm 不锈钢板折弯、焊接制作；其中包括：釉池、气搅拌管、泵托架、气缸安装座、检修门等。

气缸Ⅰ：固定于箱体气缸安装座，用于控制翻转架旋转；气缸伸出时，翻转架处于水平

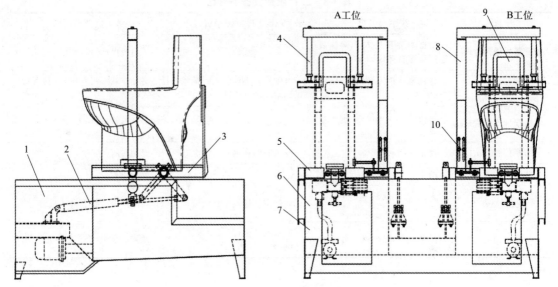

图 3-17　双工位线下灌釉机构造示意图

1—箱体；2—气缸Ⅰ；3—翻转架；4—气缸Ⅱ；5—灌釉机构；6—供釉管道；

7—釉浆泵；8—立柱；9—压梁；10—气缸Ⅲ

状态，气缸回缩时，翻转架呈一定倾斜角度（约 45°）。

翻转架：用于待灌釉坯体放置；翻转架底部设置拐臂，并与气缸Ⅰ连接实现翻转功能，底部预留灌釉机构安装孔。

气缸Ⅱ：用于对放置在翻转架上的坯体进行固定压紧；每个工位配备两台气缸，坯体翻转前，两台气缸伸出带动固定于缸杆端部的压梁与坯体圈面接触并压牢，防止翻转架旋转时坯体滑动或脱落。

灌釉机构：由气缸、三通管、排污口连接盘等组成，用于坐便器排污管灌釉和排釉；坐便器放置时排污口对准灌釉机构的排污口接盘，进釉时，气缸将三通管的一侧堵上，釉浆在釉浆泵的推动下进入坐便器排污管内；排釉时，气缸缩回三通管打开，釉浆通过打开的三通管一侧流入箱体中的釉池。

供釉管道：连接釉浆泵和灌釉机构，材质 DN20 塑料软管；将釉浆泵出口釉浆经灌釉机构输送至坐便器排污管内。

釉浆泵：采用直联式离心泵 25F-8D，材质不锈钢 316。

立柱：垂直固定于翻转机构，采用栓接结构连接；立柱由直径 70mm、壁厚 3mm 不锈钢无缝管，厚度 6mm 钢板和加工件组焊制作，立柱顶部加工件用于气缸Ⅱ的安装底座的固定连接。

压梁：采用厚度为 31.5mm 不锈钢拉丝板或不锈钢方管焊接，固定于气缸Ⅱ缸杆端部，形状呈"几"字形，与坯体接触部位粘贴 5mm 软橡胶板，防止压梁下压时造成坯体破损。

气缸Ⅲ：规格 SDA40×60，安装于灌釉机构，气缸端部设置密封材料，通过气缸的伸缩实现灌釉机构三通管一侧的封闭或打开，配合灌釉机构完成坐便器排污管进釉和排釉。

（3）工作原理

线下灌釉机采用压力供釉方式，将釉浆由排污管出口送入排污管内，釉浆在管道内停留一定时间，釉层达到厚度要求后，将管道内釉浆排出。

搬运装置将坯体从输送线移至工位 A，启动灌釉程序并进行灌釉作业，这时，另一个工位 B 放置坯体，工位 A 完成灌釉后，工位 B 启动灌釉程序并进行灌釉作业，同时，将工位 A 上已经灌完釉的坯体取下，放上待灌釉的坯体；工位 B 完成灌釉后，工位 A 又启动灌釉程序并进行灌釉，两个工位如此交替作业。线下灌釉机通常配备机器人或其他移栽机构进行坯体搬运作业。

（4）灌釉作业（以下排式坐便器为例）

① 见图 3-17（下同），坯体放置于翻转架上，使坐便器排污口与灌釉机构的排污口连接盘对接；

② 气缸Ⅱ带动压梁 9 下降将坯体压紧，气缸Ⅰ驱动翻转架使坯体翻转一定角度，气缸Ⅲ伸出将灌釉机构三通管排釉侧封堵；

③ 釉浆泵启动将釉浆通过灌釉机构由排污管出口注入坐便器排污管内，釉浆达到液位高度时隔膜泵停止；

④ 到预定时间后，气缸Ⅲ缩回，灌釉机构三通管排釉侧打开，坐便器排污管内釉浆排出；设备翻转复位，压梁 9 上升，灌釉作业完成；

⑤ 坯体搬运至输送线或其他装置，擦除排污管入口、排污口位置的余釉。

3.1.5.2　线上喷吹灌釉机

线上喷吹灌釉机如图 3-18 所示，采用喷头向坐便器排污管入口内喷射釉浆的方式完成坐便器管道灌釉，灌釉过程采用釉、气结合方式实现。

（1）技术参数

气源压力：≥0.4MPa；

气缸规格：MDB40-500Z，1 台；

电动推杆：LEY25AC-300WM，1 台；

气动泵：QBY3-25A，1 台；

设备功率：0.1kW；

外形尺寸：1040mm×600mm×2100mm（气缸顶部高度 2550mm）；

设备重量：230kg。

（2）设备构造

线上喷吹灌釉机由输送线、供气管路、供釉管路、供釉泵、釉浆桶、机架、电动推杆、升降气缸、喷釉管、电气控制系统等组成，如图 3-19 所示。

输送线：采用倍速链输送形式，用于坯体输送。

坯体：连体或分体坐便器搬运至输送线托板上进行排污管灌釉，排污口与托板中间预留孔洞对正，用于管道内残余釉浆的排出。

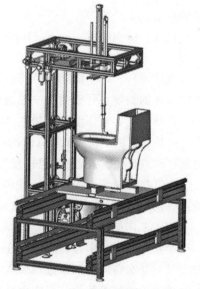

图 3-18　线上喷吹灌釉机示意图

供气管路：用于控制供釉泵、升降气缸动作等，另一分支供给灌釉喷吹的供气。

供釉管路：气动隔膜泵启动时，将釉浆输送至喷釉管。

供釉泵：采用气动双室隔膜泵。

釉浆桶：由厚度 2mm 不锈钢板焊接制成，直径 500mm，高度 400mm，用于供釉和回

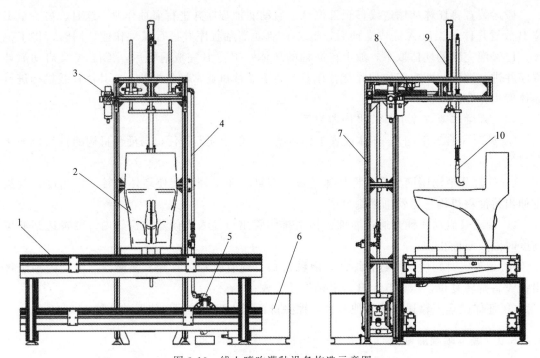

图 3-19　线上喷吹灌釉设备构造示意图

1—输送线；2—工件；3—供气管路；4—供釉管路；5—供釉泵；6—釉浆桶；7—机架；

8—电动推杆；9—升降气缸；10—喷釉管

釉的存储。

　　机架：由铝型材 40mm×40mm 栓接结构组成，框架高度 2100mm，宽度 600mm，长度 1040mm。

　　电动推杆：用于电动推杆前后位置调整，采用 LEY/LEYG 系列活塞杆型电缸，可根据不同坯体的需要在行程内作位置调整，并且移动位置控制精度高。

　　升降气缸：在压缩空气和电磁换向阀作用下，带动喷釉管实现上升和下降动作。

　　喷釉管：由不锈钢圆管（DN20）弯制一定角度制作而成，喷釉管出口焊接封板上同时开有圆孔和半圆孔，满足排污管内釉浆喷吹均匀，空气吹扫时，可吹出空气，将残留釉浆清除。

　　电气控制系统：由 PLC、中间继电器、电磁阀等组成；用于电动推杆、升降气缸、供釉泵、供釉/供气电磁阀的移动或开关控制。

　　（3）工作原理

　　釉浆通过喷头由排污管入口注入坐便器排污管内，釉浆注入时间达到后，喷头切换为压缩空气对存水弯内的釉浆进行喷吹，并将排污管内的釉浆从排污口排出。在强烈气流的冲击下使排污管内部着釉面尽可能全覆盖，然后供釉和压缩空气电磁阀同时打开，喷头将釉和空气混合后继续对排污管内部喷吹，并使弯管内着釉面尽量均匀，着釉达到一定厚度后，釉浆电磁阀关闭，喷头切换为压缩空气喷吹，将排污管内残余釉浆吹扫干净，灌釉完成。

　　（4）灌釉作业（以下排式坐便器为例）

　　灌釉作业前，喷吹用压缩空气压力、供釉泵压力、动作时间和时间间隔须根据釉浆性状和灌釉效果进行确认调整。

　　① 根据产品型号，调整图 3-19 中的（下同）电动推杆 8 的伸缩量，确定喷釉管位置；

② 坯体和托板进入灌釉区域；

③ 升降气缸 9 的缸杆伸出，喷釉管 10 下降，将喷釉管 10 置于坐便器排污管入口位置；

④ 气动隔膜泵启动，通过供釉管道 4 和喷釉管 10 将釉浆送入坐便器排污管内；

⑤ 釉浆注入后，关闭供釉泵 5 并开启压缩空气，通过强气流将釉浆吹入坐便器排污管内，釉浆再从排污口排出，使坐便器排污管内部着釉面均匀；

⑥ 同时开启供釉泵 5 和压缩空气，通过供釉管道将釉和压缩空气混合后经喷釉管 10 喷入坐便器排污管内，使坐便器排污管内部着釉面厚度一致；

⑦ 关闭供釉泵 5，喷釉管继续通入压缩空气吹入排污管内将残留釉浆通过排污口排出；

⑧ 升降气缸 9 的缸杆缩回，将喷釉管提升至初始高度；

⑨ 坯体输送至下道工序。

3.1.5.3　线上底部灌釉机

线上底部灌釉机，如图 3-20 所示，在输送线上完成坐便器的水道灌釉作业，由灌釉机、吹釉机、擦拭机、同步带输送机组成。作业顺序为坯体在同步带输送机上运行，先在灌釉机进行灌釉作业，再由吹釉机将排污管内的残釉吹扫干净，最后由排污口擦拭机将排污口残留的釉浆擦拭干净。

（1）灌釉机

线上底部灌釉机作用是将釉浆注入坐便器排污管内，当釉层厚度达到要求时，排出残余釉浆。

① 技术参数：

气源压力：≥0.4MPa；

气动泵：QBY3-25A，1 台；

气缸规格：MDBG40-150Z，1 台；MD-BT40-250Z，1 台；

隔膜泵：DN25；

伺服电机：120W；

设备功率：0.2kW；

外形尺寸（长×宽×高）：1500mm×380mm×930mm（具体尺寸根据输送线高度和坯体类型调整）；

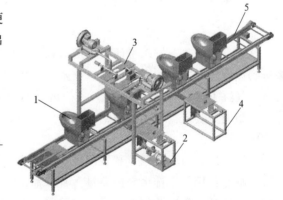

图 3-20　线上底部灌釉机示意图
1—坯体；2—灌釉机；3—吹釉机；4—排污口擦拭机；5—同步带输送机

设备重量：150kg。

② 灌釉机设备构造：

线上底部灌釉机由排污口胶塞（下排污口胶塞和后排污口胶塞）、输釉管、坑距调节装置、伺服电机、气缸、气控阀、隔膜泵等组成，如图 3-21 所示。

排污口胶塞：采用软橡胶材质，胶塞中心预留孔洞，与输釉管道末端连接；用于输釉管道与坐便器排污口密封；根据坐便器排污口类型不同，排污口胶塞和输送管道按照图 3-21 中 1-1 或 1-2 方式选择性布置。

输釉管：连接隔膜泵出口和排污口胶塞，采用 PVC 或不锈钢材质；用于向坐便器排污管内注入釉浆和管内釉浆排出。

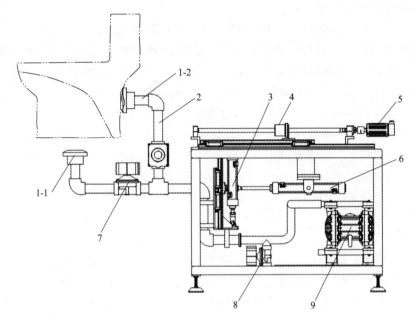

图 3-21　线上底部灌釉机构造示意图

1—排污口胶塞（1-1 下排污口胶塞；1-2 后排污口胶塞）；2—输釉管；3—气缸Ⅰ；4—坑距调节装置；
5—伺服电机；6—气缸Ⅱ；7—气控阀Ⅰ；8—气控阀Ⅱ；9—隔膜泵

　　气缸Ⅰ：用于下排水坐便器管道灌釉，实现输釉管道和排污口胶塞升降移动动作，坯体输送到位后，气缸Ⅰ缩回、排污口胶塞 1-1 上升，与坐便器排污口对接并密封；坯体灌釉完成后，气缸Ⅰ伸出、排污口胶塞 1-1 下降，与坐便器排污口脱离，坯体输送至下道工序。

　　坑距调节装置：采用不锈钢丝杠副作为调节装置，可根据坐便器型号自动调整排污口胶塞位置。

　　伺服电机：与坑距调节装置配合，由电气控制系统驱动不锈钢丝杠实现位置自动调整。

　　气缸Ⅱ：用于后排水坐便器排污管灌釉，实现输釉管道和排污口胶塞前后移动动作，坯体输送到位后，气缸Ⅱ伸出、排污口胶塞 1-2 向前推进，与坐便器排污口对接并密封；坯体灌釉完成后，气缸Ⅱ缩回、排污口胶塞 1-2 后退，与坐便器排污口脱离，坯体输送至下道工序。

　　气控阀Ⅰ：根据坐便器排污形式，确定输釉管中釉浆的流动方向。

　　气控阀Ⅱ：用于控制坐便器管道釉浆的排放；坐便器管道进釉时，气控阀Ⅱ关闭；坐便器排污管排釉时，气控阀Ⅱ打开。

　　隔膜泵：采用不锈钢气动隔膜泵，用于向坐便器排污管内输送釉浆。

　　③ 灌釉作业（以连体下排式坐便器为例）

　　a. 对于配备后排水灌釉功能的灌釉机，将图 3-21 中的（下同）后排式排污口胶塞 1-2 和对应管道位置调整或拆卸，防止底部灌釉作业时与坯体碰撞；

　　b. 升降气缸 3 缩回，输釉管和下排污口胶塞 1-1 上升，胶塞与坐便器排污口贴合紧密；

　　c. 隔膜泵 9 启动，将釉浆依次通过输釉管道 2、气控阀 7、下排污口胶塞 1-1 注入坐便器排污管内，在釉浆达到一定高度时，隔膜泵 9 自动关闭，停止供釉；

　　d. 坐便器排污管灌釉达到一定时间（厚度）后，气控阀 8 开启，排污管内残余釉浆排出。

首次使用或更换新产品时，要配合坑距调节装置 4，调整伺服电机 5 的设定值，将输釉管道和下排污口胶塞 1-1 与坐便器排污口中心对正；控制系统可将坯体型号和对应参数进行记录，灌釉作业过程中可根据系统自动识别并调取对应程序，实现灌釉作业自动化运行。

对于后排式坐便器，需调整排污口胶塞 1-2 高度使胶塞与坐便器排污口中心对正，再调整气缸 6 使胶塞与坐便器后排污口贴合紧密。

（2）吹釉机

吹釉机如图 3-22 所示，与灌釉机配合，在灌釉作业的排釉环节启动，可实现坯体无须翻转并将排污管内的残余釉浆吹扫干净。

① 技术参数：

气源压力：≥0.4MPa；

升降气缸：带导杆气缸，MGGMF40-500，2 台；

旋涡风机：PXG-1.5，$133\sim172\text{m}^3/\text{h}$，1.5kW，2 台；

风机用电机：YS90S-2，1.5kW，2800r/min，2 台；

伺服电机：120W；

设备功率：3.12kW；

外形尺寸（长×宽×高）：2180mm×840mm×2110mm（气缸顶部局部高度 2450mm）；

设备重量：约 310kg。

② 设备构造：由主机架、旋涡风机、伺服电机、鼓风管、调节装置、气缸、密封盖板等组成，如图 3-23 所示。

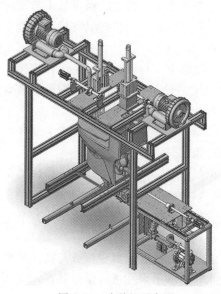

图 3-22　吹釉机示意图

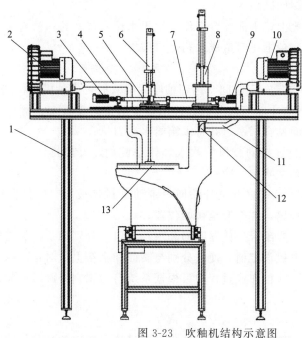

1—主机架；
2—旋涡风机 I；
3—伺服电机 I；
4—鼓风管 I；
5—调节装置 I；
6—气缸 I；
7—调节装置 II；
8—气缸 II；
9—伺服电机 II；
10—旋涡风机 II；
11—鼓风管 II；
12—密封盖板 I；
13—密封盖板 II

图 3-23　吹釉机结构示意图

主机架：由 APS 铝型材组装制作，规格 APS-8-4080；主机架横跨于输送线正上方，立柱底部设置高度可调节地脚板，位置调整后固定于地面；主机架顶部设置旋涡风机安装板，厚度 10mm。

旋涡风机Ⅰ：型号 PXG-1.5，全压 25.3～10.2kPa，真空度 18kPa；经鼓风管Ⅰ与坐便器内空间联通，用于排污管内釉浆的吹扫。

伺服电机Ⅰ：与调节装置Ⅰ配合，调整密封盖板Ⅰ与坐便器座圈位置对正。

鼓风管Ⅰ：连接旋涡风机Ⅰ与密封盖板Ⅰ，用于向坐便器内空间鼓风。

调节装置Ⅰ：与伺服电机Ⅰ、调节装置Ⅰ配合，调整密封盖板Ⅰ与坐便器座圈面位置对正。

气缸Ⅰ：与密封盖板Ⅰ螺栓连接，用于密封盖板的升降；吹釉时，气缸Ⅰ缸杆伸出，密封盖板Ⅰ下降并与坐便器座圈面贴合紧密；吹釉作业完成时，气缸Ⅰ缸杆缩回，密封盖板Ⅰ上升并与坐便器座圈面分离。

调节装置Ⅱ：与调节装置Ⅰ动作、作用类似，用于调整密封盖板Ⅱ与坐便器水箱上口平面对正。

气缸Ⅱ：与气缸Ⅰ动作、作用类似，用于密封盖板Ⅱ上升或下降，并与坐便器水箱上口平面贴合或分离。

伺服电机Ⅱ：与伺服电机Ⅰ动作、作用类似，调整密封盖板Ⅱ与坐便器水箱上口平面对正。

旋涡风机Ⅱ：型号参数与旋涡风机Ⅰ相同；经鼓风管Ⅱ与坐便器水箱排水口联通，通过排水口、圈出水孔进入坐便器存水弯水道入口内，与鼓风机作用相同，用于排污管内釉浆的吹扫。

鼓风管Ⅱ：连接旋涡风机Ⅱ与密封盖板Ⅱ，用于坐便器圈内吹扫和坐坑内鼓风。

密封盖板Ⅰ：与坐便器座圈面配合制作，用于圈面密封；密封盖板与圈面接触部位粘贴软橡胶海绵，避免下压时造成圈面破损。

密封盖板Ⅱ：与坐便器水箱上口平面配合制作，用于水箱上口密封；密封盖板与水箱上口接触部位粘贴软橡胶海绵，避免下压时造成水箱上口破损。

③ 吹釉作业

a. 水道灌釉机灌釉完成并停滞一定时间（达到釉厚标准）后，灌釉机排釉阀打开；

b. 图 3-23 中的（下同）气缸Ⅰ、气缸Ⅱ缸杆伸出，带动密封盖板Ⅰ、密封盖板Ⅱ分别与坐便器座圈面和水箱上口平面贴合紧密，并将水箱给水口封堵；

c. 鼓风机启动，分别经各自连接的鼓风管吹入坯体空腔内，并经排污管入口将排污管内釉浆吹出，并将管道内残余釉浆吹扫干净；

d. 吹扫作业完成后，气缸Ⅰ、气缸Ⅱ缸杆缩回，带动密封盖板Ⅰ、密封盖板Ⅱ分别与坐便器座圈面和水箱上口平面分离，并上升至初始位置。

首次使用或更换新产品时，要配合坐便器圈面和水箱上口，分别调节密封盖板Ⅰ、密封盖板Ⅱ的位置，分别调整伺服电机设定值，使其分别与圈面和水箱上口对正；控制系统可将坯体型号和对应参数进行记录，吹釉作业过程中可根据系统自动识别并调取对应程序，实现吹釉作业自动化运行。

（3）排污口擦拭机

坐便器排污口擦拭机将水道灌釉作业完成后的坐便器排污口残留的釉浆擦拭干净。

① 技术参数：

气源压力：≥0.4MPa；

气缸规格：MDBG40-150Z，1台；MDBT40-250Z，1台；

伺服电机：120W；

旋转电机：60W；

设备功率：180W；

外形尺寸（长×宽×高）：1450mm×380mm×680mm；

设备重量：120kg。

② 设备构造：由擦拭转盘、传动轴、传动臂、旋转电机、机架、调节装置、伺服电机、气缸等组成，如图3-24所示。

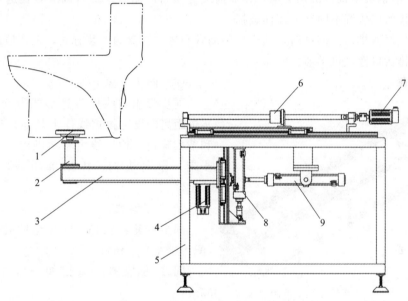

图 3-24　排污口擦拭机结构示意图

1—擦拭转盘；2—传动轴；3—传动臂；4—旋转电机；5—机架；6—调节装置；

7—伺服电机；8—气缸Ⅰ；9—气缸Ⅱ

擦拭转盘：用于坐便器排污口残余釉浆的擦拭，转盘直径126mm，转盘与坯体接触面粘贴擦拭用粗海绵，转动时将排污口残留釉浆擦除。

传动轴：与擦拭转盘采用螺栓连接，在传动臂和旋转电机作用下，带动擦拭转盘旋转。

传动臂：用于传动轴、旋转电机安装，将旋转电机动力传递给传动轴，使传动轴产生旋转。

旋转电机：固定于传动臂，为传动轴旋转提供动力。

机架：采用方管40mm×4mm组焊制作，用于传动臂、调节装置等机构的安装，固定于输送线一侧。

调节装置：与伺服电机配合，根据产品坑距需要进行调整，适应不同坑距产品的擦拭作业。

伺服电机：与调节装置配合使用。

气缸Ⅰ：用于擦拭传动臂、传动轴、擦拭转盘等机构的升降；擦拭作业时，气缸Ⅰ缸杆缩回，擦拭转盘上升并与坐便器排污口贴合；擦拭作业完成后，气缸Ⅰ缸杆伸出，擦拭转盘下降并与坐便器排污口分离。

气缸Ⅱ：与气缸Ⅰ作业方式类似，用于后排水坐便器排污口的擦拭。

③ 擦拭作业（以下排式坐便器为例）

a. 坐便器坯体灌釉作业完成后进入排污口擦拭工位；

b. 图3-24中的（下同）旋转电机4启动，带动擦拭转盘1转动；

c. 气缸Ⅰ缸杆缩回，擦拭转盘1上升并与排污口贴合，粘贴在擦拭转盘上的粗海绵对排污口进行擦拭；

d. 擦拭作业完成后，气缸Ⅰ缸杆伸出，擦拭转盘1下降并与排污口分离至初始位置，旋转电机4停止。

与（1）灌釉机中调整机构类似，作业前或更换新产品时，要对调节装置进行调整，防止因产品的排污口位置不同造成坯体破损。

后排式坐便器排污口擦拭时，须改变传动臂和擦拭转盘的安装方式，工作原理和调整方式与下排式排污口擦拭机类似。

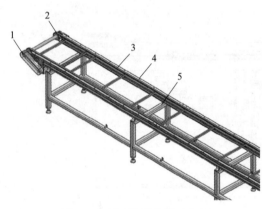

图3-25 同步带输送线示意图
1—驱动机构；2—传动轮；3—同步带；
4—导向机构；5—机架

（4）同步带输送线

同步带输送线以步进形式带动坯体传送，步进距离的设定根据线体上其他机构运行速度和节拍确定，输送线由驱动机构、传动轮、同步带、导向机构、机架等组成，如图3-25所示。

① 技术参数：

同步带轮：S14M型A形圆孔，ϕ220mm（配用带宽65mm）；

同步带规格：高扭矩S14M型，带宽65mm；

伺服电机：1FL6092-1AC61-2AA1，1台；

输送速度：5m/min；

设备功率：3.5kW；

外形尺寸（长×宽×高）：16000mm×450mm×720mm。

② 设备构造：

驱动机构：安装于输送线导向支撑机构的一端，由同步电机、减速机、驱动轴、同步带轮等组成，同步电机和减速机与驱动轴连接，与电气控制系统配合实现同步带步进和调速功能。

传动轮：由工程塑料和不锈钢材料组成，与驱动轴采用键-键槽连接，通过驱动轴的转动驱动同步带直线运动。

同步带：采用高扭矩型S14M型皮带，宽度65mm，皮带背面和齿采用氯丁橡胶，芯线采用玻璃纤维线交织结构，同步带齿表面采用尼龙织布材质增强同步带的抗拉和耐磨性能。

导向机构：由铝型材、尼龙板等组成，固定于机架上方，其中铝型材用于驱动机构等部件的安装，尼龙板铺设在铝型材上方，用于同步带移动时的支撑，尼龙板两侧约2mm凸缘可起到同步带导向作用。

机架：采用方管 50mm×50mm×4mm 组焊制作，用于驱动机构、导向支撑机构的安装。

3.1.6 坐便器擦底机

坐便器擦底机用于坐便器喷釉作业完成后底部残余釉的擦拭，分类方法与坐便器水道灌釉机相同，分为线下用擦底机和线上用擦底机，线下擦底机同第 2 章 2.1.1 下（5）的④擦底机，以下介绍线上擦底机。

线上擦底机由坯体擦底机（外侧）、坯体擦底机（内侧）、同步带输送线等 3 部分组成，如图 3-26 所示。

（1）坯体擦底机（外侧）

用于同步带输送线上坯体底部（两条同步带外侧）残余釉的擦拭。

① 技术参数：

辊筒规格：直径 ϕ220mm，宽度 140mm；

辊筒数量：4 个（主动、从动各两个）；

皮带规格（长×宽×厚）：1750mm×140mm×15mm（含海绵层 10mm）；

皮带数量：两条；

皮带线速度：3～5m/min；

减速机型号：BKM0502/20.21/DS/B3；

减速电机：SA57-63.8-Y0.37-M2；

设备功率：0.37kW；

外形尺寸（长×宽×高）：950mm×820mm×720mm；

设备重量：54kg。

② 设备构造：由辊筒和海绵带组成，如图 3-27 所示。擦底用辊筒分成两个部分，并跨在同步带输送线外侧。擦底机运转方向与同步带运转方向相反，带动坯体向前移动时，经擦底机逆向运行带动擦坯用海绵将底部残釉擦除。

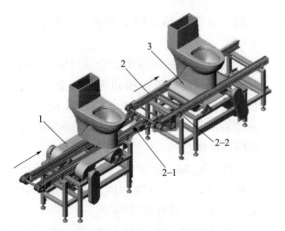

图 3-26　线上擦底机示意图

1—坯体擦底机（外侧）；2—同步带输送线［2-1 同步带输送线（窄），2-2 同步带输送线（宽）］；3—坯体擦底机（内侧）

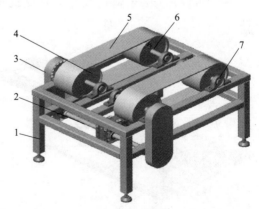

图 3-27　坯体擦底机（外侧）构造示意图

1—机架；2—驱动机构；3—防护罩；4—驱动辊筒；5—皮带；6—从动辊筒；7—轴承

机架：用于擦底机驱动机构、轴承、辊筒等部件安装，由方管 50mm×50mm×4mm 组焊制作。

驱动机构：包括电机减速机、驱动轴、驱动链轮等部件，固定于机架；驱动轴两侧安装链轮，通过链条与驱动辊筒连接，为辊筒运转提供动力。

防护罩：驱动机构、驱动辊筒传动链条的安全防护。

驱动辊筒：驱动皮带运行，由于机架上方驱动辊筒中间部位须预留同步带输送空间，驱动辊筒分两侧布置。

皮带：采用橡胶材质，表面粘贴擦坯用海绵，连接于驱动辊筒和从动辊筒，在驱动辊筒作用下，带动其与坯体底部产生摩擦，将坯体底部残余釉擦除。

从动辊筒：与驱动辊筒配合，用于皮带的安装，并在驱动辊筒带动下转动。

轴承：固定于机架，用于驱动辊筒、从动辊筒转轴的支撑、固定。

（2）同步带输送线

同步带输送线包括同步带输送线 2-1（窄）、2-2（宽），如图 3-26 所示，分别由窄、宽两种规格的皮带组成，以步进形式带动坯体传送，步进距离的设定根据线体上其他机构运行速度和节拍确定，与擦底机配合完成底部擦拭。以同步带输送线 2-1（窄）为例进行说明。

① 技术参数：

同步带轮：S14M 型 A 形圆孔，ϕ220mm（配用带宽 65mm）；

同步带规格：高扭矩 S14M 型，带宽 65mm；

伺服电机：1FL6092-1AC61-2AA1，1 台；

输送速度：5m/min；

设备功率：2.5kW；

外形尺寸（长×宽×高）：2500mm×450mm×720mm；

设备重量：95kg。

② 设备构造：由驱动机构、同步带、从动机构、张紧装置、同步电机、机架、导向支撑机构等组成，如图 3-28 所示。

驱动机构：安装于输送线导向支撑机构的一端，由驱动轴、同步带轮、轴固定件等组成。

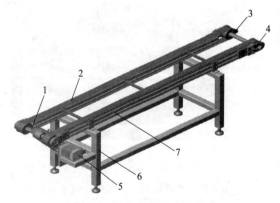

图 3-28　同步带输送线示意图
1—驱动机构；2—同步带；3—从动机构；4—张紧装置；
5—同步电机；6—机架；7—导向支撑机构

同步带：采用高扭矩型 S14M 型皮带，宽度 60mm，皮带背面和齿采用氯丁橡胶，芯线采用玻璃纤维线交织结构，同步带齿表面采用尼龙织布材质增强同步带的抗拉和耐磨性能。

从动机构：位于输送线导向支撑机构的另一端，由从动轴和同步轮组成，在驱动机构和同步带作用下转动。

张紧装置：位于从动机构一侧，固定于导向支撑机构铝型材端部，由厚度 5mm 钢板焊接制作，可通过张紧装置上的顶紧螺栓调整同步带的松紧程度。

同步电机：与驱动机构连接，通过驱动机构的同步带轮带动同步带运行，与电气控制系统配合实现同步带步进和调速功能。

机架：采用方管 50mm×50mm×4mm 组焊制作，用于同步电机、导向支撑机构的安装。

导向支撑机构：由铝型材、尼龙板等组成，固定于机架上方，其中铝型材用于驱动机构和张紧装置等部件的安装；尼龙板铺设在铝型材上方，用于同步带移动时的支撑；尼龙板两侧约 2mm 凸缘可起到同步带导向作用。

（3）坯体擦底机（内侧）

用于同步带输送线上坯体底部内侧残余釉的擦拭。

① 技术参数：

辊筒规格：直径 φ220mm，宽度 440mm；

辊筒数量：2 个（主动、从动各 1 个）；

皮带规格（长×宽×厚）：1750mm×440mm×15mm（含海绵层 10mm）；

皮带数量：1 条；

皮带线速度：3～5m/min；

电机型号：YS-71B5-0.18-6P；

减速机型号：BKM0502/20.21/DS/B3；

减速电机：SA57-63.8-Y0.37-M2；

设备功率：0.37kW；

外形尺寸（长×宽×高）：950mm×850mm×720mm；

设备重量：65kg。

② 设备构造：与底部外侧擦底机类似，不同之处在于其辊筒比较短，并横向安装在同步带内侧，如图 3-29 所示。擦底机运转方向与同步带运转方向相反，同步带输送线带动坯体向前移动时，经擦底机逆向运行的海绵将底部残余釉擦除。

机架：用于擦底机驱动机构、轴承、辊筒等部件安装，由方管 50mm×50mm×4mm 组焊制作。

驱动机构：包括电机减速机、驱动链轮等部件，固定于机架一侧；电机减速机输出轴端部安装链轮，通过链条与驱动辊筒连接，为辊筒运转提供动力。

防护罩：驱动机构、驱动辊筒传动链条的安全防护。

皮带：采用橡胶材质，表面粘贴擦坯用海绵，连接于驱动辊筒和从动辊筒，在驱动辊筒作用下，带动其与坯体底部产生摩擦，将坯体底部残余釉擦除。

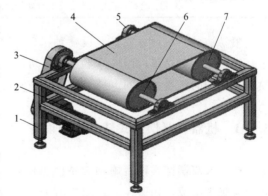

图 3-29　坯体擦底机（内侧）示意图
1—机架；2—驱动机构；3—防护罩；4—皮带；
5—轴承；6—驱动辊筒；7—从动辊筒

轴承：固定于机架，用于驱动辊筒、从动辊筒转轴的支撑、固定。

驱动辊筒：由辊筒和轴组焊制作，用于驱动皮带运行。

从动辊筒：与驱动辊筒配合，用于皮带的安装，并在驱动辊筒带动下转动。

3.2 机器人单橱施釉设备

机器人单橱施釉有多种布置形式，如单独一台放置，也有多台并列放置，用输送线、转运机构将出入坯体有机连接。以下介绍常见的机器人双摆臂式转台施釉设备和机器人旋转式转台施釉设备，两种施釉设备的对比，见表3-9。

表3-9　机器人双摆臂式转台施釉设备与机器人旋转式转台施釉设备的对比

项目	机器人双摆臂式转台施釉设备	机器人旋转式转台施釉设备
喷釉机器人数量	1	1
转台数量	2	2
工作室	1	1
喷釉橱	2	1
喷釉位置点	2	1
喷釉周期	T	T
工作室面积	3200mm×3200mm	4000mm×1900mm
运转稳定性	运行限定条件多，在动作切换时要检知推拉门位置、除尘阀门位置、转台位置等多个位置检知器，并且这些动作由气动控制，气压波动时导致设备运行不稳定	—
机器人轨迹设定	两个转台分布于两个不同位置点，且由于安装、气动驱动、定位精度等因素影响很难实现程序镜像，一般同样型号产品需要编制两套程序	两个转台对称连接，由伺服电机驱动两个工位切换，喷釉工位固定于一点，同样型号的产品只需要一套程序即可
布局灵活性	转台上下坯体时各有两个不同位置，一般采用一台搬运机器人和2至3台施釉设备配合	转台上下坯体时位置固定于一处，一般采用一台搬运机器人和2至4台施釉设备配合

喷易洁釉：一种方式是专设喷釉机器人和喷釉橱。由于喷釉面积较小，机器人臂展较短，喷釉橱相对简单，因坯体不需要转动，喷釉橱不配备旋转臂和转台。喷釉编程等工作与喷锆乳浊釉的机器人相同。另一种方式是使用人工喷釉，同第2章2.1.2下（9）的④。

3.2.1 机器人双摆臂式转台施釉设备

机器人双摆臂式转台施釉设备由工作室（含喷釉橱）、喷釉机器人、两个摆臂式转台、除尘系统等组成，如图3-30、图3-31所示。每个摆臂式转台有两个工作位置，即喷釉工位和上下坯体工位，喷釉机器人、喷釉橱推拉门、除尘风门等在两个摆臂转台的喷釉空间往复切换，完成喷釉作业。

作业特点：转台安装于可旋转的悬臂机构，如图3-31所示，与喷釉机器人协调做摆臂动作，转臂摆动使转台上喷釉完的白坯转动至橱体外①-B或②-B位置，推拉门将另一侧关闭，防止粉尘外溢；将①-B或②-B位置喷釉完成的白坯从转台上移走，再将未施釉青坯放置于转台①-B或②-B，转台在悬臂机构作用下转动至橱体内①-A或②-A位置，青坯处于待

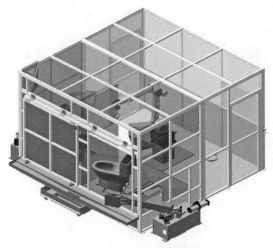

图 3-30 机器人双摆臂式转台施釉设备立体示意图

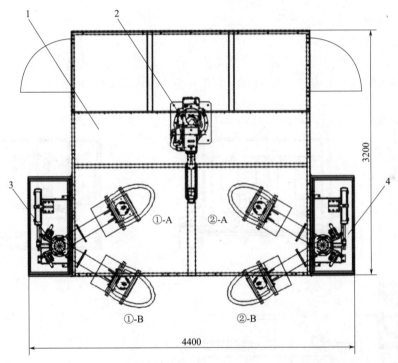

图 3-31 机器人双摆臂式转台施釉设备平面示意图

1—工作室；2—喷釉机器人；3—摆臂转台①；4—摆臂转台②

(1-A、②-A：转台喷釉位置；①-B、②-B：转台上下青坯与白坯位置)

喷釉作业位置；当另一转台上的喷釉作业完成后，橱体防尘门在气缸作用下移至橱体另一侧，使待喷釉坯体处于封闭状态；同时，载有白坯的转台在悬臂作用下从 A 位置摆动至橱体外 B 位置，将①-B 或②-B 位置白坯取下并再放置一件青坯，至此完成一个喷釉循环周期。

(1) 技术参数

工作室尺寸（长×宽×高）：4400mm×3200mm×2500mm。

① 喷釉机器人参数：

回转半径：2028mm；

机器人搬运重量：8kg；

机器人重复定位精度：±0.03mm；

机器人防护等级：≥IP54；

程序存储：CF 卡或 USB；

功率：10kW；

转台净载重：≥70kg；

水源压力：≥0.3MPa；

气源压力：≥0.55MPa；

② 喷釉周期：

连体坐便器：180～210s，进出工件时间：9s；

分体坐便器：120～150s，进出工件时间：9s；

水箱及盖：120～140s，进出工件时间：9s；

洗面器：120～140s，进出工件时间：9s；

喷釉量调整响应时间：≤0.3s。

（2）设备构造

本设备由除尘系统、供釉系统、安全光幕、控制系统、摆臂式转台、操作盘、喷釉机器人、喷枪把持器、机器人底座、接釉车、供气系统等组成，如图 3-32 所示。

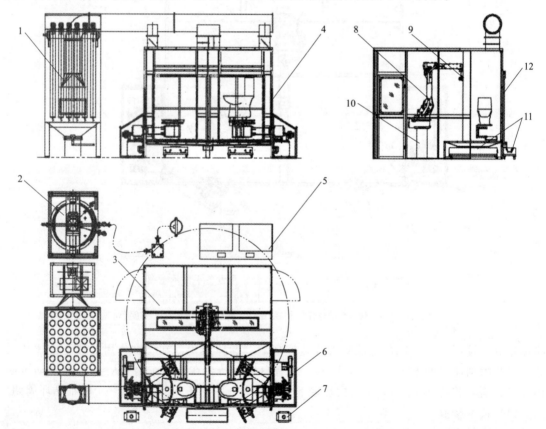

图 3-32　机器人双摆臂式转台施釉设备构造示意图

1—除尘系统；2—供釉系统；3—工作室；4—安全光幕；5—控制系统；6—摆臂式转台；7—操作盘；

8—喷釉机器人；9—喷枪把持器；10—机器人底座；11—接釉车；12—供气系统

① 除尘系统：采用烧结板脉冲式除尘器，见第 4 章 4.1 下（5）的③，通过除尘管道与施釉橱连接，位于施釉橱顶部进风口连接处的四个阀门根据喷釉工位自动开启或关闭。

② 供釉系统：供釉系统用于施釉喷枪釉浆的供给，设备参数和使用方法见本章 3.1.3。

③ 工作室：工作室是工作区域的总称，包括机器人、喷釉转台等，由顶板、侧板、端板、门板等组成，框架采用不锈钢焊接框架结构，工作室内喷釉作业的部分称为喷釉橱，喷釉橱为 2 个，各放置一台转台。喷釉橱顶板采用不锈钢材质；正面设置推拉门，用于坯体的进出，由主控制柜 PLC 控制气缸电磁阀实现自动开关。后部操作区部分墙板镶嵌有机玻璃板，便于观察。喷釉橱内设除尘装置。

④ 安全防护装置：系统中安全防护装置有安全光幕、安全插销、声光报警器。

安全光幕：用于工作间推拉门切换时的安全防护，通过主控柜 PLC 与机器人控制系统进行联动，当机器人在喷釉作业或运行过程中，防止人员进入施釉橱内。

安全插销：用于工作室进、出门的安全防范，当作业人员打开安全插销进入工作室时，机器人会停止工作，保证人员的安全。

声光报警器：在非正常工作状态时能自动报警，发出声光警示信号。

⑤ 控制系统：控制系统包括系统主控柜、机器人控制柜、示教盒、操作盘、除尘系统控制柜、供釉系统控制柜等；控制系统采用集中控制方式，系统主控柜为控制核心，通过系统主控柜实现机器人喷釉作业及其他附属机构的协作运行。

⑥ 摆臂式转台：配置两个摆臂式转台，摆臂式转台由摆臂和转台两部分组成，如图 3-33 所示，放置在喷釉橱内，用于坯体的放置和进出，坯体托臂摆动角度≤60°，坯体托臂摆动为气缸驱动。

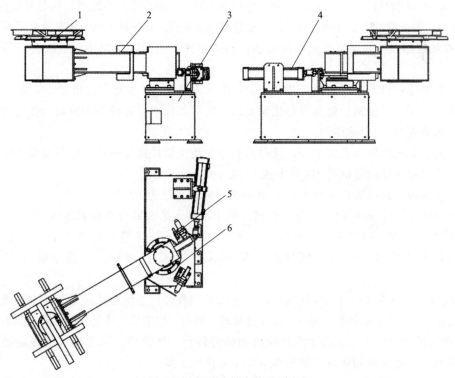

图 3-33　摆臂式转台构造示意图

1—转台；2—摆臂；3—摆臂底座；4—摆动气缸；5—缓冲器；6—摆臂转轴

转台：转台由转台座、转盘、支撑架、连接法兰、减速机和伺服电机等组成，与机器人联动，用于喷釉过程中坯体的移动。旋转机构采用 2.5kW 的伺服电机及 RV 减速机直联方式驱动，转速可调；转台座用于承载转台相关部件的安装，并与摆臂采用栓接结构，在摆臂带动下实现往复摆动；减速机悬挂安装于转台座顶板开口下部，并与连接法兰用栓接结构固定；伺服电机固定于连接法兰下部，转盘固定于减速机上部；支撑架安装在转盘上，上部放置坯体架托；此结构可以减小转台的外形尺寸，在设计上做成全轴防尘、防水型。

摆臂：摆臂由摆臂焊接件、摆臂内外挡板等组成。摆臂内外挡板用于摆臂与橱体之间空隙的防护，阻止喷釉作业期间粉尘向橱体外逃逸，其两端分别有螺栓孔，一端用于固定转台，另一端用于摆臂底座的转轴机构的连接。摆臂与摆臂转轴、转台连接后，要求转台承载能力达到 70kg，长期使用转台下垂不大于 3mm。

摆臂底座：由方管和钢板焊接而成，外部尺寸（长×宽×高）835mm×385mm×400mm，安装摆动气缸、摆臂转轴机构、缓冲器。

摆动气缸：气缸规格 ϕ80mm～350mm，固定形式采用中间耳轴形式，通过气缸支座、中间耳轴座固定于摆臂底座，气缸配置两个排气节流型管接单向节流阀，用于摆臂摆动速度的调节。

缓冲器：型号 ACJ3650，通过缓冲器支座固定于摆臂底座，用于摆臂在摆动终点位置速度的缓冲，避免停止速度过快导致坯体破损。

摆臂转轴：由轴承、转轴、轴承座和辅助元件组成，轴承座固定于摆臂底座，转轴与轴承等组件与轴承座连接，实现转轴自由旋转运动。

⑦ 操作屏：控制系统设置触摸式操作屏，通过操作触摸屏可进行产品型号对应预存程序的选择，以及系统的启动、停止以及暂停、急停等运转方式的操作。系统运行状态及报警可在操作屏上显示，系统的急停也可通过现场的其他急停按钮进行。操作屏上设有中、英文字系统。

⑧ 喷釉机器人：喷釉机器人系统包括机器人本体、机器人控制柜、示教盒三部分及供电电缆。

机器人本体：机器人回转半径 2028mm，搬运重量 8kg，重复定位精度±0.03mm。

机器人控制柜：控制柜集成自动化元器件，使控制技术具备极强的协调动作能力，通过插件可以最多控制 36 个动作轴。

示教盒：其操作界面为菜单式，同时具有中、英文软件操作系统，配备机器人中文操作手册，另喷釉程序存储备份采用 CF 卡或 U 盘方式。

其他：机械手腕部防护等级 IP67，其他关节防护等级为 IP54。

⑨ 喷枪把持器：采用硬质铝合金材料，用于机器人第六轴与喷枪的连接。

⑩ 机器人底座：用于安装机器人，由 250mm×10mm 方管与厚度 16mm 钢板焊接制成，焊接件整体高度 700mm，底部钢板 550mm×550mm×16mm，顶部钢板 375mm×350mm×16mm。

⑪ 接釉车：由不锈钢材质焊接制作，用于收集回收釉。系统配置接釉车 3 个，喷釉工位下方各放置 1 个，收集回收釉，另一个位于施釉转台转出（即取放坯体处）的位置，收集釉滴。

⑫ 供气系统：供气系统用于施釉喷枪和摆臂转台、推拉门、除尘机风门等运动机构的运行和控制，设备参数和使用方法见本章 3.1.4 供气系统。

⑬ 剩余釉浆回收系统：剩余釉浆回收系统包括釉浆搅拌罐、气动隔膜泵、釉浆输送管道、供水管道、控制系统等。喷釉机器人将剩余釉浆放入釉浆搅拌罐，根据釉浆浓度打开供

水管道加入适量的水进行搅拌，搅拌均匀后打开气动隔膜泵，将搅拌罐内釉浆通过输送管道送回釉浆调制工序。

（3）喷釉作业

① 初始状态：机器人、外部轴各自处于原点位置；推拉门在其中一个工位，另一个工位的摆臂式转台处于喷釉橱外部搬运工位状态，各个磁传、光电开关都正常工作，操作程序进入待机初始状态。

② 青坯上线：机器人单橱作业时，人工或移栽机构将坯体放置在转台上，并对照红外线"十字光标"确定青坯放置位置；机器人工作站流水线作业时，由搬运机器人将青坯放在转台托架上。

③ 机器人喷釉：红外检知器检测到转台青坯放置完成后，根据程序设定自动转进喷釉橱进行喷釉作业，其中，机器人单橱作业时，将坯体放置在喷釉转台后选择产品型号，并将信息传递给喷釉控制系统；机器人工作站流水线作业时，在流水线上坯位置选择产品型号，信号经输送线及各个移栽机构将型号信息传递至工作站控制系统，完成喷釉程序的自动选择。

④ 白坯下线：喷釉完成后，转臂旋转将喷釉转台转至喷釉橱外部，机器人单橱作业时，人工或移载机构将喷釉完成的白坯从转台上移走；机器人工作站流水线作业时，由搬运机器人将喷釉完成的白坯从转台上移走。

⑤ 取下白坯的转台再放上青坯，待另一转台喷釉作业完成后旋转至喷釉位置，同时推拉门在气缸作用下移至该工位，并开始喷釉作业。

⑥ 完成喷釉作业的转台，待推拉门移至另一侧时，该转台旋转至喷釉橱外部，人工或移栽机构将白坯移走，再将青坯放至转台。

以上程序重复运行，实现机器人喷釉连续作业。

3.2.2　机器人旋转式转台施釉设备

机器人旋转式转台施釉设备主要包括工作室（含喷釉橱）、喷釉机器人、转台、旋转臂、旋转门，如图 3-34、图 3-35 所示。

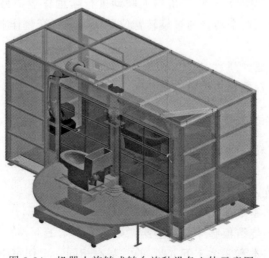

图 3-34　机器人旋转式转台施釉设备立体示意图

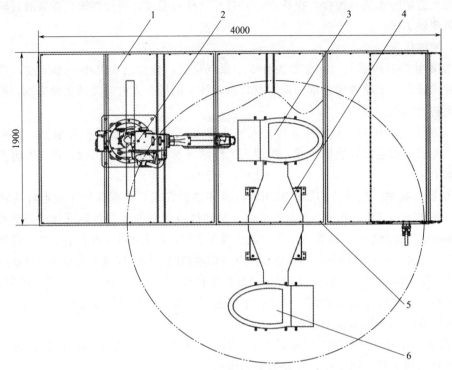

图 3-35　机器人旋转式转台施釉设备平面示意图

1—工作室；2—喷釉机器人；3—转台①；4—旋转臂；5—旋转门；6—转台②

作业特点：如图 3-35 所示，喷釉机器人位于两个转台中轴线偏左（或偏右）一侧，两个转台分别在相同的两个工作位置切换（即上下坯体位和青坯喷釉位），由于两个转台共用一个喷釉位置，机器人、除尘系统保持一定的姿态，作业位置无须转换。两个转台 3、6 轴间连接的旋转臂 4 与喷釉机器人 2 中轴线呈 90°状态，喷釉橱旋转门 5 在作业期间起到封闭作用，避免粉尘向外部扩散，旋转门位于两个转台轴间连接线中间位置，底部与旋转臂固定连接，顶部与喷釉橱框架通过转轴连接，旋转门随转台的旋转臂转动。机器人喷釉时，一个转台 3 或 6 位于喷釉橱内部，与喷釉机器人联动进行喷釉作业，另一个转台位于喷釉橱外部，进行坯体卸装作业，两个转台通过旋转臂位置切换进行交替作业。

（1）主要技术参数

喷釉橱尺寸（长×宽×高）：4000mm×1900mm×2500mm；

其他参数与机器人双摆臂式转台施釉相同，见本章 3.2.1 下（1）。

（2）设备构造

施釉设备由工作室（含喷釉橱）、喷釉机器人系统、除尘系统、供釉系统、安全防护装置、控制系统、旋转式转台、操作盘、喷枪把持器、机器人底座、接釉车、供气系统等组成，如图 3-36 所示。

① 喷釉机器人系统：同本章 3.2.1 下（2）的⑧。

② 喷枪把持器：同本章 3.2.1 下（2）的⑨。

③ 除尘系统：使用烧结板脉冲式除尘器，见第 4 章 4.1 下（5）的③。

④ 工作室：构造与本章 3.2.1 下（2）的③基本相同。工作室中设有一个喷釉橱，转台的喷釉工位放置其中，橱体框架部分采用镶嵌有机玻璃板的不锈钢焊接框架结构，并开有一

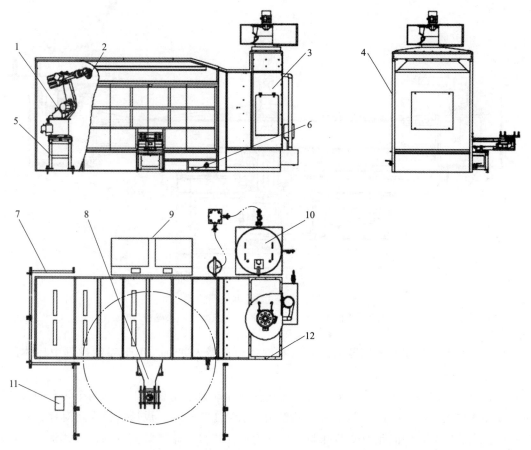

图 3-36　机器人旋转式转台施釉设备构造示意图

1—喷釉机器人系统；2—喷枪把持器；3—除尘系统；4—工作室；5—机器人底座；6—接釉车；
7—安全防护装置；8—旋转式转台；9—控制系统；10—供釉系统；11—操作盘；12—供气系统

扇门，用于设备的维护和检修，进出坯体部位设有电机驱动的旋转门，室内喷釉部分顶板采用不锈钢材质。

工位数：两工位；

转门驱动形式：伺服电机驱动；

旋转门规格（长×高）：2480mm×1450mm。

⑤ 机器人底座：用于安装机器人，可根据作业台的高度进行相应调整；底座由 200mm×10mm 方管与厚度 16mm 钢板焊接制成，焊接件整体高度 700mm，底部钢板 550mm×550mm×16mm，顶部钢板 300mm×300mm×16mm。

⑥ 接釉车：由不锈钢材质焊接制作，用于收集回收釉；接釉车 1 个，放置于喷釉工位下方，收集回收釉；此外，在外部轴的下方设置接釉盒，收集釉滴。

⑦ 安全防护装置：系统中安全防护装置有安全光幕、安全插销、声光报警器，同本章 3.2.1 下 （2）的④安全防护装置。

⑧ 旋转式转台：旋转式转台由转台、旋转臂、旋转门机构、机架、转臂动力单元等组成，如图 3-37 所示。转台是坯体位置切换的主要机构，旋转臂转动角度±180°，转台和旋转臂转动的驱动均由电机减速机提供。

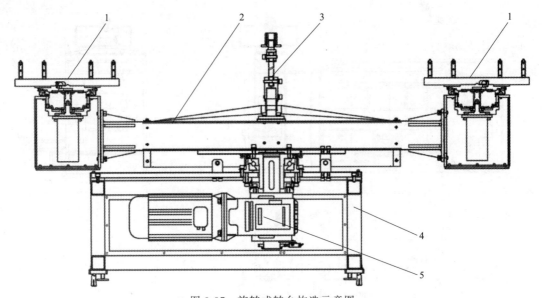

图 3-37　旋转式转台构造示意图
1—转台；2—旋转臂；3—旋转门机构；4—机架；5—转臂动力单元

转台：两个，与摆臂式机器人的转台相同；与机器人联动，用于喷釉过程中坯体的旋转，转台承载能力 70kg。

旋转臂：为转台和转臂动力单元之间连接件，在动力单元驱动下实现两个转台的位置切换。旋转臂采用厚度 10mm 不锈钢板焊接制成，长度 1476mm，设计结构采用对称方式，用于两个转台的安装，中间预留安装孔与转臂动力单元连接。旋转臂上方铺设不锈钢护罩，用于旋转臂和动力单元的防护，防止釉浆或粉尘的污染。

旋转门机构：旋转门是喷釉橱内部与外部的隔断，防止喷釉时釉浆和粉尘外逸。采用矩形管 40mm×20mm×2mm 作骨架，厚度 1mm 钢板为面板，规格尺寸（长×宽）2500mm×1425mm；底部转轴预留安装孔与转臂固定连接，顶部采用轴-轴承结构与框架连接，旋转门与旋转臂相对位置固定，在转臂动力单元作用下做 ±180° 往复旋转。

机架：由底部机架和减速机座板组成，用于旋转减速机、旋转臂等机构的安装。底部机架采用 60mm×60mm×4mm 矩形管组焊制成，规格尺寸（长×宽×高）1165mm×515mm×402mm；减速机座板采用厚度 20mm 钢板裁切制成，规格尺寸（长×宽）1160mm×510mm，板面预留减速机等安装孔。

转臂动力单元：由旋转臂传动盘、轴承、轴承座、减速机、伺服电机等组成。轴承安装于轴承座并与转台机架的减速机座板，采用螺栓连接，伺服电机和减速机安装于轴承座下方，旋转臂传动盘安装于轴承座内，与减速机轴采用键连接方式。旋转臂传动盘将减速机动力传递给旋转臂，进行两个转台之间的位置切换，减速机选 XKA77-YPFJ90L4-1.5-135.28-M6-90°（变频制动＋通风机），在回转臂的两个极限位置上设有定位块，旋转臂的转速由变频控制器调整。

⑨ 控制系统：控制系统包括主控柜、机器人控制柜、示教盒、操作盘等。系统采用集中控制方式，通过操作盘可进行系统的启动、停止以及暂停、急停等运转方式的操作，并通过系统主控柜实现机器人喷釉作业及其他附属机构的协作运行。

⑩ 供釉系统：用于施釉喷枪釉浆的供给，釉浆从储釉罐中经釉浆过滤器、气动隔膜泵通过管路连接到喷枪，系统除"3.1.3 供釉系统"中的储釉罐外，包括"3.1.3（1）釉浆搅拌罐""3.1.3 供釉系统"的所有装置。

⑪ 操作屏：控制系统设置触摸式操作屏，同本章 3.2.1 下（2）的⑦。

⑫ 供气系统：同本章 3.1.4。

⑬ 剩余釉浆回收系统：同本章 3.2.1 下（2）的⑬。

（3）喷釉作业

① 初始状态：机器人与外部轴处于原点位置。其中一个转台处于搬运工位，各个磁传、光电检知开关均正常工作，操作程序进入待机初始状态。

② 青坯上线：机器人单橱作业时，人工或移栽机构将坯体放置在转台上，并对照红外线"十字光标"确定青坯放置位置；机器人工作站流水线作业时，由搬运机器人将青坯放在转台托架上。

③ 机器人喷釉：红外检知器检测到转台青坯放置完成后，转臂将两个转台位置 180°调换，根据程序设定自动转进喷釉橱进行喷釉作业，其中，机器人单橱作业时，将坯体放置在喷釉转台后选择产品型号，并将信息传递给喷釉控制系统；机器人工作站流水线作业时，在流水线上坯位置选择产品型号，信号经输送线及各个移载机构将型号信息传递至工作站控制系统，完成喷釉程序的自动选择。

④ 白坯下线：喷釉完成后，并且外部转台青坯放置完成，转臂将两个转台位置 180°调换，白坯自动旋出的同时将青坯旋转至喷釉状态，机器人单橱作业时，人工或移栽机构将喷釉完成的白坯从转台上移走；机器人工作站流水线作业时，由搬运机器人将喷釉完成的白坯从转台上移走。

⑤ 取下白坯的转台再放上青坯，待另一转台喷釉作业完成后，转臂再次将两个转台位置 180°调换。

以上程序重复运行，实现机器人喷釉连续作业。

3.3　机器人施釉工作站

机器人施釉工作站是几台机器人单橱施釉设备、输送线、搬运机器人等的集成，几台机器人单橱施釉设备的布置可以是一字形布置，也可以是平面弧形与方形布置，企业可根据场地产量的需求配备 2～4 台施釉设备。以下介绍 4 台机器人旋转式转台施釉设备方形布置的机器人施釉工作站，如图 3-38 所示。可根据需要在白坯输送系统中增加易洁釉喷釉设备，包括喷釉橱、喷釉机器人、附属设施等。

4 工位机器人施釉工作站由青坯输送系统、水道灌釉系统、喷釉作业系统、白坯输送系统、电气控制系统、剩余釉浆回收系统组成，如图 3-39 所示。技术参数如下：

施釉安排（时间、班次）：8 小时/班，2～3 班/日；

专业作业人员配置：机器人操作人员 1 人/班，管理多台机器人；设备保全 1 人/日，管理全部设备；机器人编程工作由企业编程人员兼任；

设备功率：100kW；

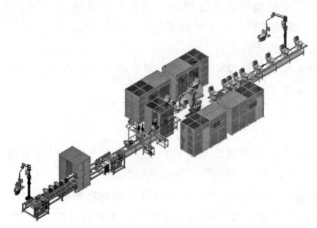

图 3-38　机器人施釉工作站示意图

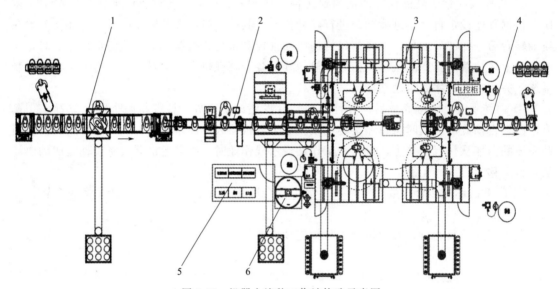

图 3-39　机器人施釉工作站构造示意图

1—青坯输送系统；2—水道灌釉系统；3—喷釉作业系统；4—白坯输送系统；5—电气控制系统；6—剩余釉浆回收系统

作业面积（长×宽）：10m×8m，输送线总长度 31m。

3.3.1　青坯输送系统

青坯输送系统用于青坯上线、输送，将坯体输送至水道灌釉线，如图 3-40 所示。

输送系统由托板提升机、输送线、吹尘橱、托板回转机、助力机械手、除尘器等组成，如图 3-41 所示。

（1）托板提升机

托板提升机位于输送线前端，用于空托板的提升；当提升机托板完成青坯上坯作业后，检知器检测到托板上坯完成，将坯体推入输送线上继续向前输送；提升机下降至输送线下层位置，将下层空托板输送至提升平台并上升至上坯位置。

托板提升机支架采用矩形管 60mm×40mm×2.5mm 型钢焊接制作。技术参数如下：

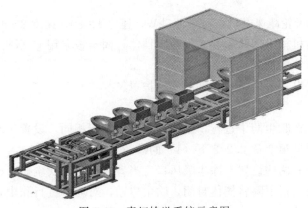

图 3-40　青坯输送系统示意图

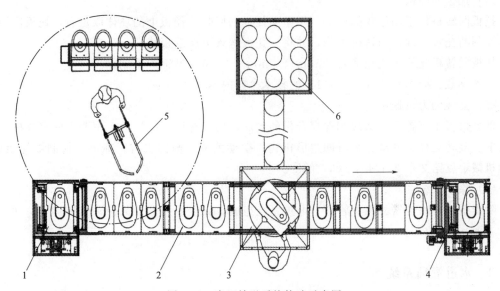

图 3-41　青坯输送系统构造示意图

1—托板提升机；2—输送线；3—吹尘橱；4—托板回转机；5—助力机械手；6—除尘器

顶升装置采用气缸作为动力，平稳上升下降，缸径 100mm，行程 200mm；
导向结构采用 4 套直线轴承与导杆平稳升降，直线轴承直径 30mm；
传送带：采用厚度 3mm，宽度 50mm PVC 防滑皮带，以厚度 8mm 尼龙板作导条；
传送带动力：采用 1∶60 定速马达（三相 380V），功率 120W。

（2）输送线

输送线长度为 17m，线体为双层倍速链结构，输送线内部宽度 510mm（可根据要求适当调整宽度，与托板宽度尺寸配套）；输送面高度（650±25）mm。

支架采用矩形管 80mm×60mm×2.5mm 型钢加工制作，每 1.5m 安装一套支架，动力支架采用矩形管 60mm×40mm×2.5mm 焊接制作，边梁与支架螺栓连接，边梁采用标准铝型材制作，边梁外边采用可滑动面板封闭，板厚 1.2mm；脚杯采用 M16×100mm 可调加厚地脚，可调高度±25mm。

输送部分：主链条采用侧滚轮链条加工制作，节距 38.1mm，所有链片均加硬处理，滚轮采用 45 钢加工。

驱动装置：采用齿轮减速电机，功率 1.5kW，速比 1∶80，速度 2～6m/min（速度可调）。

阻挡装置：阻挡机构采用防尘立式气控阻挡器，固定板采用 t5 板折弯制作，配电磁阀、调节阀、接头、气管等气动元件。

防护罩：输送线电机、链条传动部分安装护罩。

（3）吹尘橱

吹尘、擦坯作业在吹尘橱中进行，橱体构造与喷釉橱相同，设置压缩空气的用气点，设有水浴除尘装置，详见第 2 章 2.2.2 下（1）的②。

吹尘橱顶部和左右两侧设置有除尘吸风口，当青坯输送至吹尘橱，检知器将信号发送至控制柜，吹尘橱前后挡板下降将橱体封闭，吹尘启动，对坯体进行除尘处理，然后进行擦坯作业。

（4）托板回转机

托板回转机位于输送线的末端，用于空托板的回收，托板上的坯体取走后，托板回转机检知器判断托板空载，回转机下降，并将空托板送入下层返板线。

托板回转机支架采用矩形管 60mm×40mm×2.5mm 型钢焊接制作。

技术参数：同本章 3.3.1 下（1）的技术参数内容。

（5）上线助力机械手

助力机械手布置于输送线端部提升机的侧面，用于青坯上线搬运，主要由固定立柱、旋转关节、旋转立柱、气缸、平行四边形机构、摆动关节、俯仰机构、抓手、控制器等组成，助力机械手见第 2 章 2.1.1 下（5）的②。

（6）除尘系统

除尘系统由除尘器、除尘管道、电控系统组成，除尘器采用滤筒脉冲式除尘器，见第 4 章 4.1 下（5）的②。

3.3.2 水道灌釉系统

水道灌釉系统由移载机、同步带输送线、水道灌釉机、擦坯台、排污口擦拭机、圈下釉橱、检验橱、除尘器等组成，其构造如图 3-42 所示；用于坐便器的水道灌釉、圈下釉，以及检验等作业。

（1）移载机

移载机采用升降托叉前后伸缩结构，与青坯吹尘输送线末端返板机配合，将托板上的坯体移至同步带输送线；作业时，托叉上升并向前移动至返板机上的托板与坯体之间的空隙，托叉上升将坯体托起，使坯体与托板分离后，托叉向后移动并将坯体放置在同步带输送线上，空托板经青坯吹尘输送线末端的托板回转机返回。

（2）同步带输送线

同步带输送线，在伺服电机作用下实现步进式输送，将坯体逐个精确地送至水道灌釉、擦坯、喷圈下釉、检验等工位。

（3）水道灌釉机

水道灌釉系统使用线上喷吹灌釉机，坯体进入工位后，从上部喷吹管将釉浆注入坐便器排污管内，按程序完成水道灌釉作业。线上喷吹灌釉机的构造与作业见本章 3.1.5.2。

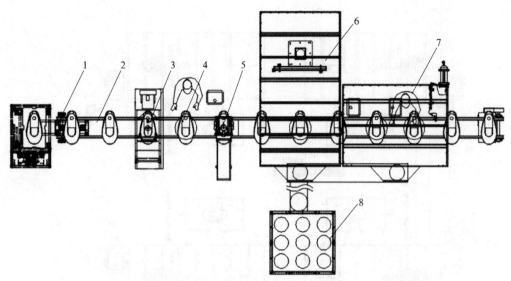

图 3-42　水道灌釉系统构造示意图

1—移载机；2—同步带输送线；3—水道灌釉机；4—擦坯台；5—排污口擦拭机；

6—圈下釉橱；7—检验橱；8—除尘器

（4）擦坯台

擦坯台设置顶升转台，坯体输送至转台正上方后转台顶升，人工转动坯体，检验坯体并用海绵将坯体表面粉尘、坯渣等异物清除干净。

（5）排污口擦拭机

排污口擦拭机用于水道灌釉后排污口残釉清理；坯体移动到擦拭排污口的正上方位置后，擦拭机旋转并上升，将排污口底部残余釉浆擦除干净。排污口擦拭机的构造与作业见本章 3.1.5.3 的（3）。

（6）圈下釉橱

圈下釉橱的构造与喷釉橱相同，配置除尘器等，用于坐便器水圈下方出水孔面及附近区域喷釉，可使用喷釉机器人也可用人工喷釉。

（7）检验橱

检验橱设置在输送线系统末端，橱内设置顶升转台，对坯体进行点检，对圈下釉橱无法自动喷釉的位置进行人工补釉，根据设置的"十字"红外线装置，作业人员参照红外线光标对坯体相对位置进行调整、纠偏，以保证后续喷釉作业的精准度。

（8）除尘系统

除尘系统由除尘器、除尘管道、电控系统组成，除尘器采用滤筒脉冲式除尘方式，见第 4 章 4.1 下（5）的②。

3.3.3　喷釉作业系统

喷釉作业系统由 4 台机器人旋转式转台施釉设备、1 台搬运机器人及附属系统组成，包括机器人旋转式转台施釉设备、搬运机器人、机器人控制柜、供釉系统、安全护栏、供气系统、储釉罐、除尘系统，如图 3-43 所示。

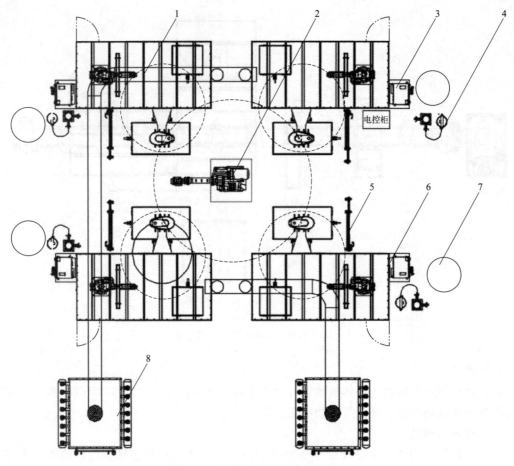

图 3-43　喷釉作业系统构造示意图

1—机器人旋转式转台施釉设备；2—搬运机器人；3—机器人控制柜；4—供釉系统；5—安全护栏；
6—供气系统；7—储釉罐；8—除尘系统

（1）机器人旋转式转台施釉设备

机器人旋转式转台施釉设备是工作站作业的核心，共有 4 台，分别独立完成喷釉作业，作业方式等见本章 3.2.2；1 台搬运机器人配合作业，担当青坯上线和白坯下线作业。

（2）搬运机器人

搬运机器人由机器人本体、搬运托叉组成，搬运托叉由一对"背靠背"对称分布的搬运叉齿组成，在机器人端部轴作用下，可实现回转动作，搬运托叉按对应控制程序执行搬运作业；机器人负载 165kg，臂展 2655mm。

根据青坯上线时检知的相关信息，搬运机器人将按次序搬运至相应的喷釉工位，在搬运机器人搬运青坯至转台时，先将转台上的白坯取走，清洗转台后再放置青坯，动作完成后将白坯搬运至白坯输送线上。

（3）机器人控制柜

作业区的 4 台喷釉机器人、1 台搬运机器人配置一台系统控制柜，控制各台机器人的作业与协调，使整个系统保持安全高效运行。

（4）供釉系统

供釉系统同本章 3.1.3，工作站内四台旋转式机器人施釉设备各配备一套供釉系统，单独运行。

（5）安全护栏

安全护栏采用优质碳钢材料制作，用于将机器人、输送线、运动机构等设备与人员作业区域进行隔离；防护栏高度有两种规格 1400mm 和 1800mm，防护网钢丝直径不小于 3mm，网孔不大于 60mm×60mm；防护栏底部距地 100～150mm。

（6）供气系统

供气系统同本章 3.1.4。

（7）储釉罐

储釉罐是供釉系统的装置之一，釉罐采用带搅拌和保温功能的储釉装置，见本章 3.1.3.1。

（8）除尘系统

除尘系统包括除尘器、除尘管道、风量控制阀、电控系统等；除尘器采用烧结板脉冲式除尘器，见第 4 章 4.1 下（5）的③。单台风量设计为 15000m³/h，共设置 3 台；其中两台用于施釉工作站内四个施釉橱，每两个施釉橱配备一台除尘器，另一台除尘器用于上坯输送系统上的吹尘橱、圈下釉橱，以及工作站封闭区域的环境除尘。

3.3.4 白坯输送系统

白坯输送线用于锆乳浊釉喷完后的坯体输送，如图 3-44 所示。

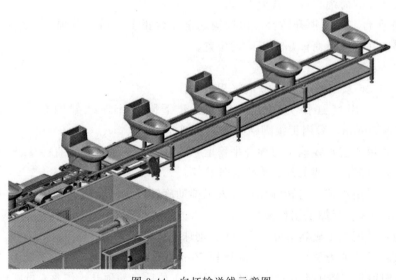

图 3-44 白坯输送线示意图

白坯输送线包括同步皮带机两条、擦底机 2 台、助力机械手 1 台，如图 3-45 所示。

① 同步带输送线 A：同步带输送线 A 宽度较窄，宽度约 310mm，单条皮带宽度 30mm，位于白坯输送线起始端，设备构造同本章 3.1.6 下（2）。喷釉橱作业完成后由搬运机器人将白坯放置于输送线前端，放置完毕机器人向 PLC 发送指令，输送线将坯体向前移动。

② 擦底机（外侧）：擦底机（外侧）用于白坯底部两外侧区域残余釉的擦拭，由辊筒和

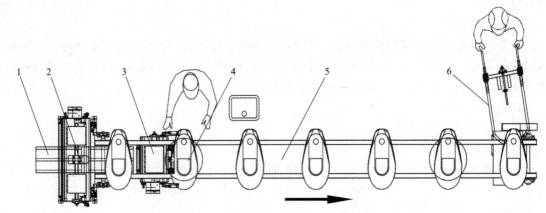

图 3-45　白坯输送系统构造示意图

1—同步带输送线 A；2—擦底机（外侧）；3—擦底机（内侧）；4—人工作业台；5—同步带输送线 B；6—助力机械手

海绵带组成，设备构造与本章 3.1.6 的（1）类似，不同之处在于将擦底用辊筒分成两个部分，并跨在同步带输送线 A 外侧。擦底机运转方向与同步带运转方向相反，带动坯体向前移动时，经擦底机逆向运行带动擦坯海绵将底部残釉擦除。

③ 擦底机（内侧）：擦底机（内侧）用于白坯底部两内侧区域残余釉的擦拭，设备构造与本章 3.1.6 的（3）擦底机（内侧）类似，不同之处在于其辊筒比较短，并横向安装在同步带内侧。擦底机运转方向与同步带运转方向相反，同步带输送线 B 带动坯体向前移动时，经擦底机逆向运行的海绵将底部残釉擦除。

④ 人工作业台：配置顶升转台，白坯输送至转台正上方后转台顶升，作业人员擦除坯体表面釉缕等，并将产品商标贴于正确的位置。

作业台构造：

支架：采用"6 系铝型材"4040 规格铝材制作。

顶升机构：采用气缸作为动力，平稳上升下降，升降框架四角受力均匀，缸径 ϕ100mm，行程 50mm，采用带锁脚踏阀或手动阀控制。

导向结构采用 4 套直线轴承与导杆平稳上升下降，直线轴承参考直径 ϕ25mm。

气动元件：电磁阀、调节阀、接头、气管等。

旋转机构：采用双轴承与转轴配合，人工推动旋转，旋转台表面黏接 5mm PVC 板或直接采用厚 20mm PVC 板加工制作。

回转机构：采用人工旋转方式，每 90°有钢珠顶入式限位。

主要参数：承载能力≥100kg，升降行程 50mm。

作业台采用顶升旋转作业方式，白坯输送至此工位后自动顶升，作业人员旋转作业台对釉坯表面进行检查，并对表面釉缕等不良部位进行擦拭修正。若坯体为连体坐便器，须检查、擦拭水箱盖，并与坐便器水箱口进行匹配，当不吻合时要对箱口或水箱盖进行修正处理；处理完成后将其与水箱口接触部位涂刷氧化铝并盖在坐便器箱口上（根据作业时间可安排打商标人员作业或增加一组作业台）；作业完成后，将作业台对正并按下放行按钮，坯体进入下道工序。

⑤ 同步带输送线 B：同步带输送线 B 左右跨度较同步带输送线 A 宽，宽度约 453mm，单条皮带宽度 53mm，设备构造同本章 3.1.6 下（2）。连接在同步带输送线 A 后面，在伺服电机驱动下带动坯体向前运行。

⑥ 助力机械手：助力机械手布置于白坯输送线尾端，用于白坯下线的搬运。

喷易洁釉：在白坯输送线的人工作业台的后续位置设置喷釉机器人和喷釉橱。由于喷釉面积较小，机器人臂展较短，喷釉橱相对简单，因坯体不需要转动，喷釉橱不配备旋转臂和转台。喷釉编程等工作与喷锆乳浊釉的机器人相同。

也可在喷釉橱中进行人工喷釉，同第 2 章 2.1.2 下 （9）。

3.3.5 电气控制系统

电气控制系统由 PLC、低压电气元件 （断路器，接触器，按钮）、传感器 （磁传开关、接近开关、光电开关等）、触摸屏等组成；现场的传感器电压 24V 直流，接近开关、光电开关选用 PNP 输出类型。电气控制系统分为施釉工作站主控制系统和输送线及附属设备的控制系统两个部分。

（1） 施釉工作站主控制系统

主控制系统负责各单元之间的协调作业，包括 4 台喷釉机器人、1 台搬运机器人，以及与输送线控制系统的信号联络，其中机器人运动轨迹及外部轴的运动由机器人控制柜单独控制，如图 3-46 所示。

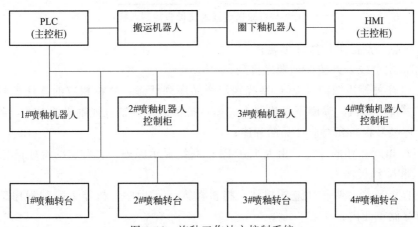

图 3-46　施釉工作站主控制系统

（2） 输送线及附属设备的控制系统

控制系统协调输送线、风机、擦底机等及各单元之间的作业，如图 3-47 所示，包括：圈下喷釉机器人 （1 台）、倍速链输送线 （1 条）、同步带输送线 （2 条）、水道灌釉机 （1 台）、擦底机 （2 台） 等，其中圈下喷釉机器人运动轨迹及外部轴的运动由机器人控制柜单独控制。

（3） 控制系统的信号联络

坯体在输送线上运行并完成各种预订作业，为提高设备运行自动化程度，对于自动运行的设备单元需在作业前预知产品型号信息；系统设计时，在坯体上线处设置信号捆绑功能单元，并在运行过程中通过光电开关等检知坯体运行位置，从而实现坯体型号信息的传递，控制信号联络包括以下内容。

① 青坯上线和输送

a. 青坯上线时，作业人员根据产品型号，选择预存储在 PLC 系统中对应的按钮，点击

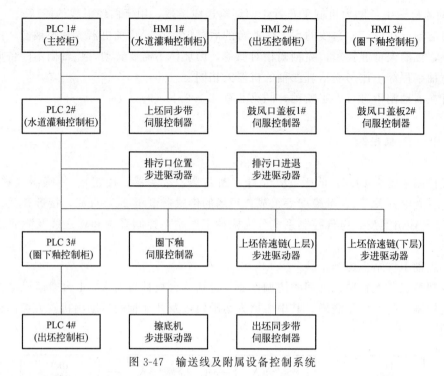

图 3-47　输送线及附属设备控制系统

按钮将型号信息与产品上线次序绑定；

　　b. 青坯依次上线，并按序列顺序排列；

　　c. 经光电开关等检知信号 PLC 系统判定产品序列状态，并将相应的青坯型号序列发送至灌釉机、擦排污口机、喷圈下釉机器人、搬运机器人及喷锆乳浊釉机器人等，各设备根据接收到的青坯型号执行相对应产品的程序；

　　d. 上线后出现坏坯的情况，由人工在 PLC 系统显示屏内，将对应的青坯信息删除。

　　② 搬运和喷釉机器人

　　a. 根据搬运路径、喷釉轨迹的规划，将机器人搬运程序、机器人喷釉程序信息预存在机器人自带存储单元内；

　　b. 机器人搬运程序信息对应喷釉单橱数量和布局位置，一般为四种，分别对应 1♯喷釉橱、2♯喷釉橱、3♯喷釉橱、4♯喷釉橱；

　　c. 搬运机器人根据喷釉单橱工作状态，将坯体从青坯输送线搬运至喷釉橱转台上，并将白坯搬运至白坯输送线；

　　d. 喷釉橱根据青坯上线时输入的型号信息推移，判定青坯型号并调用预存的喷釉程序。

　　③ 输送线上各功能单元：需要识别产品型号信息的功能单元，包括管道灌釉、排污口擦釉、喷圈下釉机器人等，其型号识别方法与①相同。

　　④ 其他

　　a. 输送线和机械手配有相应的报警功能以及急停功能，恢复急停后能够在急停处继续往下运行；

　　b. 输送线和机械手：触摸屏信息显示当前运行状态、故障信息、当日搬运数量等；

　　c. 输送线和机械手控制系统与施釉控制系统通过通信接口，实现信息交互联系。

3.4　设备管理

以机器人双摆臂式转台施釉设备为例，说明设备管理工作。

3.4.1　作业与设备维护要求

（1）作业要求

① 作业前准备工作

a. 作业前必须对釉浆性能进行检测，包括温度、浓度、黏度、干燥速度等，发现异常及时处理。

b. 对机器人等设备进行全面检查，气管路、釉管路是否正常，检查机器人与喷枪是否洁净；检查机器人手臂、枪体、推拉门四周是否清洁；转台、台架必须清洁，转动灵活。

c. 确认气压、釉压（釉浆供釉压力）、风压（釉浆雾化压力）。

d. 做好喷枪管理：

• 每班确认喷枪是否处于良好状态，确认喷枪的枪针、枪帽；喷釉前枪针必须加油；做好枪帽清洗，枪帽气孔每班检查 1 次，防止发生堵塞现象；

• 更换枪嘴时，拆卸、安装枪针枪嘴，要注意力量适当，防止因力量过大造成枪体损坏；内壁的密封圈要拆下放入新的枪嘴中，防止因无密封圈造成扇面无法调节；更换后注意枪针部位注油润滑；

e. 检测喷枪吐出量与吐出形状（扇面）大小时，检测前要将管路内的水排干净，并将釉浆排放 2min 后再检测。

② 开启釉泵、压缩空气：观察供釉泵是否正常工作，然后对机器人喷枪进行压力确认，首先调节好气压、风压（雾化压力）、釉压（釉浆压力），检测喷枪釉浆吐出量，然后检测喷枪吐出形状大小。

③ 启动机器人：关好喷釉橱门，安全连锁装置复位，打开所有空气阀门，在示教器上选择主程序，然后再将旋钮拨到再现模式，按机器人启动按钮，待机器人运行灯亮后拨到遥控模式，然后在操作盘上将选择开关拨到开启位置。

④ 系统自动运行：机器人运行后，将两侧操作盘上所有选择开关拨到中间位置，然后在左侧键盘上选择（自动）模式，这时自动灯亮起并且会有一侧转臂自动转出，等待青坯上线。上坯作业人员按产品型号对应的定位尺寸，将产品摆放到转台上，然后在对应一侧操作屏上按下该产品的型号，大约 2s 后，指示灯亮，表示已经选择此编号程序，按下产品程序确认 2s 左右松开，指示灯亮，转臂自动转入喷釉橱，推拉门关闭，启动喷釉。同时，另一侧转臂自动转出，同上。如果一侧产品没有喷完，指示灯会一直闪烁表示这侧产品已经预约，待另一侧产品喷完后，推拉门会自动推到预约一侧并开始这侧的喷釉作业。

⑤ 机器人的数据必须做好备份，防止因断电时间过长造成丢失。机器人的本体电池要在上电及开机状态下更换，防止丢失数据。

⑥ 机器人每喷完一个或几个产品后自动进行喷枪头清洗，喷枪头在一个水杯中蘸水清

洗一下，再在旁边放置的海绵块上擦拭一下，然后进行下一个坯体喷釉，这样可以防止喷嘴、枪帽的堵塞和釉滴产生所造成的缺陷。

⑦ 喷釉系统主控柜管理：及时发现故障，做到即刻处理。

喷釉系统主控柜一般故障及对策见表3-10。

表 3-10　主控柜一般故障及对策

序号	报警信息	对策
1	急停	①检查示教器； ②检查机器人电控箱； ③检查电控箱面板； ④检查操作台上的急停，将急停按钮复位，再按触摸屏或电控箱上的复位按钮
2	安全锁	①检查门上安全锁是否插好； ②安全锁插好，检查电控箱内安全继电器是否正常，正常后，再按触摸屏或电控箱上的复位按钮
3	光幕	①检查光幕是否有遮挡，如有，移除遮挡； ②检查光幕上的指示灯是否正常； ③如光幕指示灯正常，检查 PLC 输入点； ④如 PLC 输入点正常，再按触摸屏或电控箱上的复位按钮
4	转门未到位	检查触摸屏是否有工位信号，如无信号，拨动旋转门，使之旋转到位
5	工位参数设置错误	触摸屏的伺服参数界面设置工位1角度与工位2相同，修正更改
6	伺服使能错误	检查通信网线，检查交换机，查看伺服驱动器报警代码
7	转门未停止	转门正在运行，停止后再操作
8	系统未在手动或者示教模式	将示教器上的开关拨至 ON 位置或将电控箱切换至手动模式
9	机器人故障	查看示教器的报警参数，查看机器人手册
10	机器人电池故障	查看示教器报警代码，找到具体的电池位置，查找原因后处理
11	机器人无原点	手动将机器人运转至原点位置
12	机器人无 CMD	查看机器人示教器开关应在 OFF 位置
13	机器人未准备好	查看机器人电控箱钥匙开关应在 AUTO 位置
14	机器人程序暂停中	终止机器人程序
15	无工位 1	手动将转门切换至工位 1
16	无工位 2	手动将转门切换至工位 2
17	未在手动模式	将电控箱自动切换至手动模式，急停按钮复位
18	未在自动模式	将电控箱手动切换至自动模式，急停按钮复位
19	搅拌机故障	检查搅拌机电机、减速机、搅拌叶
20	冷却水泵故障	检查出口管道，检查叶轮，检查电机
21	除尘风机故障	检查扇叶，检查电机，检查风机出口
22	釉浆温度高	检查冷却水温度，检查电磁阀、管道，检查参数设定
23	釉浆温度低	检查加热用水温度，检查电磁阀、管道，检查参数设定
24	机器人无原点信号	①机器人无原点，转臂转台未到达原点，检查转臂转门活动范围内有无异物影响转动，清除后恢复； ②机械限位标记是否松动，按照标记紧固螺栓； ③磁传感器损坏，用磁石进行验证； ④磁传感器位置偏差，移动至标记位置

⑧ 现场管理人员及编程人员要能够判断喷釉的正常、异常状态，随时进行确认。

⑨ 机器人操作人员必须对机器人各产品程序定期进行检查，确认机器人程序原点。

⑩ 如果实施3班作业（早、中、晚班），每班必须安排熟练作业人员。

（2）设备日常维护

制定大、中、小检修制度，保证设备处于良好状态。制定设备日常维护规定，按时进行设备维护并填写相关记录。

① 设备清理工作前，必须断电，同时，施釉机器人必须处于急停位置，并安排专人负责看管不得启动。

② 设备日常清理

a. 机器人清理：每班至少清洗一次，为防止落尘，机器人可覆盖不影响作业动作的"防尘衣"；

b. 其他设备、装置清理：每班至少清洗一次，容易出现釉尘堆积的位置要着重清理；

c. 转台转臂清理：清理时注意转臂和门框接触的部位；

d. 清理设备时，严禁用水浇各部位，严禁用吸满水的海绵擦拭设备，严禁用手拽拉控制电线；

e. 不得使用铁质清理用具，避免发生铁锈污染。

③ 保持润滑油的油量：通过 J4 轴齿轮箱的油面观察窗确认油量是否在玻璃窗高度的 3/4 以上，通过 J5/J6 轴齿轮箱的油面观察窗确认油量是否在玻璃窗高度的 1/4 以上，判断不清楚时，打开排油口，利用手电筒观察内部，确认润滑油状况。

润滑油更换标准周期：每隔 3～6 月更换一次，如工作环境恶劣，可缩短换油时间。长时间没有使用的减速机重新开机前，必须更换润滑油。

④ 喷釉橱体维护：推拉门滑道及除尘闸门润滑；用油标准：润滑脂或者黄油。

⑤ 检测开关清理：光电检测开关要长期保证镜面清洁，镜面上不能有任何杂质。

⑥ 按要求做好残余釉浆的回收工作。

3.4.2 设备安全管理

制定设备安全管理规定，并严格执行，定期检查并填写相关记录。

（1）作业安全要求

① 操作者上岗前必须经过培训，经考核合格后方可上岗，操作机器人人员必须穿戴好劳动防护用品（包括戴安全帽）。

② 作业人员必须熟练掌握机器人性能与操作方法。

③ 机器人等设备开机前对设备进行例行检查，各仪器仪表应显示正常，设备检查应正常，如有异常情况必须请专业人员进行处理，在确认安全后方可运行设备；机器人启动前必须在原点位置。

④ 输送线运行前必须确认各项安全联锁、急停开关、气动管线、光幕、电磁阀、压力表，确认机器人各紧固螺栓是否紧固，是否处于完好状态，安全设施是否齐全有效，确认完好方可运行。

⑤ 机器人运行过程中，必须关闭防护门；机器人运行处于自动模式时，任何人员不许进入喷釉橱内部区域；在手动模式时，只允许程序员一人进入喷釉橱，并佩戴安全帽。禁止在机器人工作区域或附近配电柜内连接电焊机，避免电焊作业时的电流波动导致机器人突发故障。严禁用水对机器人进行冲洗；冲洗喷釉橱时必须小心，避免水滴溅到机器人。

⑥ 需要进入喷釉区域时，必须按下外部急停按钮、暂停按钮或示教盒的急停按钮先停

止作业。

⑦ 停电、断电、停机再启动时，禁止一次启动全部机器人，应对每台机器人进行检查，确认正常后，逐个启动。

⑧ 输送线运行时，严禁人员跨越；输送线出现故障时，首先立即停机。

⑨ 作业结束后，关闭系统水、电、气的供应，确保无安全隐患。

（2）通电安全检查作业

① 通电前检查、确认以下内容

a. 各工序机器人按说明书正确安装，各部件安装完毕且固定可靠；

b. 电气连接正确，电源参数（电压、电流、频率）在规定的范围之内；

c. 供釉设备正确连接，各连接处固定牢固，接头和管路无破损；

d. 电气安全防护装置应安装完毕，且通信连接正确；

e. 涉及压力管道或装置已试压测试合格；

f. 安全护栏、护网安装正确，连接可靠；

g. 设备上的警示标志、标牌安装到位；

h. 合理划分工作区域。

② 通电后检查、确认以下内容

a. 机器人施釉控制系统的功能，如启动、停机和各种动作按钮反应灵敏有效，各光电指示显示正常，触摸屏反应灵敏有效；

b. 急停、安全停机及限位停机电路及装置反应灵敏有效；

c. 供釉、供水、供气管路的泵、阀工作稳定可靠，指示仪表显示正常，管路无泄漏。

（3）设备维修安全要求

① 维修人员必须经过专门的培训，特殊工种还需要持有效的资格证方可上岗。

② 设备维修期间必须划定警戒区，设立警示标志，无关人员不得进入该区域，更不得私自接通电源。

③ 设备维修期间必须切断电源，对涉及压力的管道、系统进行维修时必须首先泄压，在保证压力降到安全值后方可进行维修。

④ 任何人员不得拆除、短接设备的机械和电气安全装置。

⑤ 任何人员不得私自对设备结构和电气线路进行更改。

⑥ 对设备涉及压力部分的维修后必须经过相应的试压检测，在检测合格后方可使用。

⑦ 对设备控制程序、电路进行更改后，必须对相应的紧急停止按钮和安全防护装置进行检验，在确定其安全可靠后方可投入使用。

⑧ 专业人员定期对机器人各润滑处加注专用润滑油（脂）。

（4）安全防护装置

机器人施釉系统安全防护装置有安全光幕和紧急停止按钮。在安全光幕和紧急停止按钮发生故障或关闭的情况下，不允许设备运行。

安全光幕：安全光幕由发射器、接收器两部分组成，发射器发射出的红外光线，由接收器接收，形成了一个保护网，当有人员或物体进入保护网时，光线被物体挡住，通过内部控制线路，接收器电路马上启动报警，并做出预定反应。

紧急停止按钮：机器人施釉机电控柜和设备本身上均设置有急停按钮，按下紧急停止按钮时，机器人和设备将立刻停止。

一旦出现危及人员和设备的情况，必须立即按下急停按钮。当紧急情况解除需重新运行设备时，须在确认安全的情况下旋出急停按钮。

3.5 施釉作业流程

（1）作业流程图

机器人施釉作业主要流程包括：釉浆接收确认、作业前的准备及点检、机器人对坯体的喷釉示教编程、喷釉产品型号程序选定、喷枪调试及测定吐出量等、输送线启动、青坯上线、青坯吹尘（擦拭）、水道灌釉、喷圈下釉、喷锆乳浊釉、白坯修正、贴商标、喷易洁釉、白坯下线、喷釉橱清理收集回收釉，如图 3-48 所示。

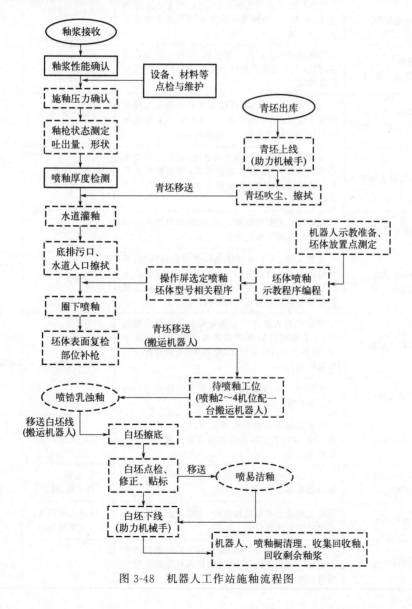

图 3-48 机器人工作站施釉流程图

（2）机器人施釉作业内容

机器人施釉作业内容见表3-11。

表3-11　机器人施釉作业内容

序号	作业名称	作业内容	作业担当者	作业区
1	作业环境、条件确认	对作业环境、作业条件进行确认,管理值要符合施釉要求,确认项详见表2-5	班长、作业者	青坯产品上线前完成
2	釉浆批号、性能确认	对釉浆批号、性能进行确认,管理值要符合施釉要求,确认项详见表2-6	班长	
3	青坯上线	使用助力机械手或人工将青坯放置至青坯输送线端部提升机空托板规定位置上,并与标记对正	上坯工	青坯输送线区域的工位
4	青坯吹尘、擦拭	将坯体上附着的灰尘、泥渣等污物吹净,并用湿海绵擦拭青坯表面	吹尘工（兼擦坯）	
5	水道灌釉	青坯输送至水道灌釉工位,进行线上水道灌釉作业,见3.1.5坐便器水道灌釉,选用线上灌釉设备作业方式	擦坯工	
6	底排污口、水道入口擦拭	坯体输送至底排污口擦拭机,将排污口残余釉浆擦除;人工用海绵将便器水道入口周边的残余釉浆擦除		
7	喷釉机器人示教程序编程与选定	机器人喷釉的产品,坯体要进行喷釉示教程序编程及输入;坯体喷釉前,在操作屏选定喷釉坯体型号相关程序后再进行施釉作业	机器人编程工、班长	青坯产品喷釉作业前完成
8	喷枪状态测定	将机器人喷枪调整为手动状态,再测定调整喷枪的釉浆吐出量、釉浆吐出形状;测定机器人首件坯体喷釉层厚度;测定值要在管理范围内,确认项详见表2-7	机器人操作工、班长	
9	圈下喷釉	青坯输送至圈下喷釉工位,由喷釉机器人按预定轨迹完成圈下喷釉作业	机器人操作工	青坯输送线区域的工位
10	坯体表面检查、补枪	检验工位,人工对坯体表面进行复检确认,并对机器人无法自动喷釉的部位进行补枪,确认坯体与托板位置标记是否对正;确认完成后搬运机器人将青坯移至对应喷釉橱转台处	修正工	
11	待喷釉青坯放置	搬运机器人将之前完成喷釉的白坯移出喷釉橱,等支架清洗后再将青坯放置喷釉转台支架上,青坯进入待喷釉状态(喷釉2~4机位配一台搬运机器人)	机器人操作工	机器人喷釉区域
12	喷锆乳浊釉	喷釉机器人按示教程序编程预定轨迹进行坯体喷釉作业		
13	白坯擦底	搬运机器人将喷釉作业完成的白坯移至白坯输送线,由线上坯体擦底机将底部内侧与外侧的残余釉擦除	机器人操作工	
14	白坯点检、修正、贴标	人工对白坯釉面进行点检、贴标,并对釉缕、堆釉等发生部位进行擦拭修正	贴标工（兼点检、修正）	白坯输送线区域的工位
15	喷易洁釉	白坯输送至喷易洁釉工位,由喷釉机器人或人工完成喷易洁釉作业	机器人操作工或喷釉工	
16	白坯下线	白坯点检作业完成后,通过自动转运装置或助力机械手或人工转运方式,将坯体移至指定位置或输送线	下坯工	

序号	作业名称	作业内容	作业担当者	作业区
17	机器人、喷釉橱清理 收集回收釉 回收剩余釉浆	每班作业结束后对机器人、喷釉橱进行清理，收集回收釉；回收剩余釉浆等	机器人操作工	作业后

（3）机器人示教

使用生产现场的喷釉机器人进行示教作业。以示教器示教为例，进行作业说明。

① 保护用具的穿着：必须戴安全帽。

② 确认操作：对开关等操作进行有效性确认。

③ 示教准备

a. 保证作业场所通畅。

b. 在作业场所内摆放安全牌。

c. 安装激光仪，准备各种测量用具：

• 取下喷枪枪帽，将激光仪安装于喷枪端部。

• 正确安装激光仪，防止掉落破损。

d. 示教用坯体放置于转台，转台旋转至取放作业位置；并确认前后、左右位置与定位用十字光标对正；必须确认转台原点，防止放置位置不良。

e. 将转台旋转至喷釉作业位置。

④ 坯体位置测定

a. 将测定坯体放置在施釉托板上相应的标注位置；

b. 自动运转将坯体搬至1或2转台；

c. 机器人控制盘操作：自动→手动，ON→OFF切换；

d. 放置位置测定：

• 操作机器人示教器，移动显示屏幕上的PP（命令指针），并调出相应的位置测定程序，选择并进入POS文件（基准点测试程序）。

• 将测定点（坯体上标定的位置点）与基准点（机器人程序标定的位置点）对比，误差值记入放置位置测定表，参考基准值：前后0±5mm，左右0±10mm。

说明：测定点在转台侧为"＋"，测定点在出入机侧为"－"。

e. 返回自动运转：

• 测定完成后，机器人、转台回原点，取下激光测距仪，将枪帽安装于喷枪端部。

• 控制柜钥匙转到AUTO，机器人控制盘上操作；手动→自动，ON→OFF切换；（与上面对应）

⑤ 示教开始：按喷釉路线，做出机器人运动工作点；以坐便器为例，基本数据参考如下：

洗净面：（1800±200）mm/s，喷枪角度＋15°；

上圈：（385±10）mm/s；

外部表面：（350±10）mm/s；

其他部位面：（400±10）mm/s。

注意事项：机器人大幅移动时，移动速度调低，直线变为曲线，坐标选择为joint模式。

⑥ 组交换

a. 点MENU→"组交换"；

b. 选择要交换的源程序名；

c. 输入新建程序名；

d. 进行如下交换：

源程序 G1（机器人本体）＝新程序 G1（机器人本体）回车此处不变；

源程序 G2（机器人外部轴 1）＝新程序 G3（机器人外部轴 2）；

或者源程序 G3（机器人外部轴 2）＝新程序 G2（机器人外部轴 1）。

⑦ 程序试运行：检查机器人与橱体、外部轴转台及坯体有无触碰，并确认局部位置点、运动感轨迹和开关喷枪等动作无误后，可按生产程序投入运行。

（4）工艺参数

机器人施釉（锆乳浊釉和易洁釉）时，工艺参数大部分与人工施釉相同，表 3-12 为工艺参数的对比实例，表中机器人施釉的管理值、管理频度的内容与人工施釉相同之处没有填写。

表 3-12 机器人与人工施釉（锆乳浊釉）工艺参数的对比实例

序号	项目	工艺参数	锆乳浊釉人工施釉		锆乳浊釉机器人施釉（未填写处与人工施釉相同）	
			管理值	管理频度	管理值	管理频度
1	作业环境	温度	25～35℃	每班观察、记录		
		湿度	50%±20%RH	每班观察、记录		
2	釉浆性能	批号	符合批号要求	1 次/批、班		
		温度	(25±2)℃	1 次/批、班		
		浓度	(350～360)g/200mL	1 次/批、班		
		黏度（流动性）	(240±30)s/200mL	1 次/批、班		
		干燥速度	(24±3)min/5mL	1 次/批、班		
3	喷枪	口径	2.5mm	—	2.8mm	—
		重量	248g	—	（通用型实例）620g	—
4	喷枪状态	釉浆吐出量	(9±1)s/200mL	每枪 1 次/班	14±1s/200mL	每枪 1～2 次/班
		釉浆吐出形状	枪距约为 400mm，喷釉面：φ150mm±20mm	每枪 1～2 次/班		
5	喷釉作业	青坯表面温度	20～35℃	每班测定 1 次		
		釉层厚度	0.7～1.0mm，特殊部位可减薄		釉浆性能及作业稳定时，每班测定 1 次，不稳定时，视情况增加测定次数	
		喷釉遍数	3～4 遍	每班测釉厚 1 次		
		釉浆压力（釉压）	0.2～0.3MPa	每班作业前确认		

序号	项目	工艺参数	锆乳浊釉人工施釉		锆乳浊釉机器人施釉（未填写处与人工施釉相同）	
			管理值	管理频度	管理值	管理频度
5	喷釉作业	雾化压力（风压）	(0.6 ± 0.1)MPa	每班作业前确认		
		枪距	约400mm	目视确认		
		喷釉角度	垂直	目视确认		
		喷枪行走间距	约70mm	目视确认	约70mm	

易洁釉机器人施釉的工艺参数与易洁釉人工施釉的工艺参数基本相同。

3.6　机器人施釉作业实例

3.6.1　机器人单橱施釉作业

以某企业采用机器人双摆臂式转台施釉设备进行台下洗面器施釉为例进行说明。

专业作业人员配置：机器人操作人员1人/班，可管理多台机器人；设备保全1人/日，管理全部设备；机器人编程工作由企业编程人员兼任。

洗面器机器人单橱施釉作业要求：作业环境、条件、设备及压力确认，釉浆接收、性能确认，青坯准备（吹尘、擦坯），喷枪状态测定等确认工作项与人工施釉内容相同，见第2章2.1.2的（1）～（4）。管理值、管理频度要符合机器人施釉要求。

（1）青坯准备

① 青坯出库与确认：按照生产计划上的产品型号进行出库确认，并做好相应记录，倒坯工搬运时要轻拿轻放。

② 青坯吹尘：倒坯工将青坯搬运车放入吹尘橱中进行青坯吹尘，用压缩空气将附着在坯体表面和溢水道内粉尘渣吹干净。

③ 青坯擦拭：作业前对使用工具、擦坯水的过滤筛网等要确认点检；使用扫码枪对坯体扫码，录入坯体信息；青坯擦拭作业可参照人工施釉作业，擦坯要求基本相同，擦拭如图3-49所示。

④ 溢水孔刷釉：使用与坯体喷釉相同釉浆对溢水孔内刷釉，如图3-50所示，孔内侧及周围要均匀刷到位，对刷涂多的釉进行擦拭清理，防止滚釉、爆釉等缺陷发生。

（2）喷釉前确认

① 确认机器人喷枪状态，枪帽、枪嘴和风孔应无堵塞，升降台、手转阀运转正常，确认供釉管道入口是否有过滤用120目筛网并扎紧。

② 确认釉浆压力（釉压）、釉浆雾化压力（风压）是否在管理值范围。

③ 机器人喷枪状态测定：喷釉作业前将机器人喷枪调为手动状态，进行喷枪的釉浆吐出量、吐出的形状检测，检测结果要在管理值范围内，每班检测2次。

图 3-49　台下洗面器的青坯擦拭　　　　　　　　图 3-50　溢水孔刷釉

（3）机器人喷釉

① 安全检查：检查光幕、急停以及操作间安全连锁装置的有效性，如出现问题不可开机作业，立即联系有关部门进行维修，维修后经试运行合格方可正常开机作业。

② 开启设备：开启自动状态，旋转开关处于左或右为半自动状态；如出现问题不可开机操作，立即联系有关部门进行维修，维修后经试运行合格方可正常开机作业。

③ 青坯放置：将青坯放置到喷釉橱内的喷釉转台支架上，按照编程人员测定的位置放置，拿取时握住盆沿，轻拿轻放。

④ 喷釉程序选择：首件产品喷釉时，在操作机器人控制屏上，选择与产品型号相符的喷釉程序，防止错选。

⑤ 机器人喷釉（锆乳浊釉）：按照机器人喷釉编程设定的程序从"①左侧→②正面→③右侧"顺序进行喷釉，如图 3-51 所示。重复喷釉顺序动作，共喷 3 遍；枪与喷釉面保持垂直，喷枪距离约为 400mm，喷枪行走间距约 70mm；喷釉面要均匀平滑不能有釉薄、釉滴、釉缕等。

⑥ 白坯取出：将完成喷釉的白坯从喷釉橱取出放置到釉面检验台上，拿取时手要托住无釉的底部，并且手要干净不要带有水，避免出现融釉或沾釉等缺陷。

（4）白坯修正

待釉面微干后对白坯釉面进行修正，确认是否有釉缕、堆釉等，使用软海绵擦去白坯上的釉缕、余釉，力度适中，不可用力或来回擦拭，如图 3-52 所示；擦坯水要使用过滤后的净水，并按要求及时更换。

图 3-51　喷釉顺序　　　　　　　　　　　　图 3-52　白坯擦拭

（5）测定釉厚

对每台机器人每班喷出的首件（可喷废坯）白坯产品进行厚度测定，测定部位、厚度按规定执行，如厚度出现偏差要及时调整。

（6）贴商标、标识

首先准备商标纸、纤维素、贴标工具，并确认是否完好，按规定用治具和尺具定位，确定商标的位置并贴商标，如图 3-53 所示；使用统一配置的纤维素贴商标，贴后确认是否有标污、标脏、标歪等。

贴商标纸的作业方法见第 2 章 2.1.2 下（8）的①。贴标识的作业方法见第 2 章 2.1.2 下（8）的④。

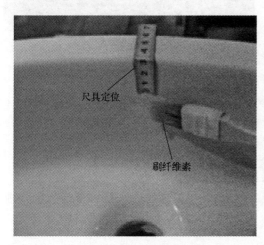 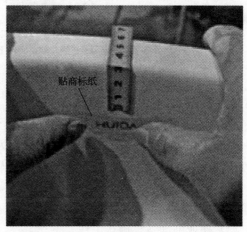

(a) 尺具定位、刷纤维素　　　　　　　　(b) 贴商标纸

图 3-53　贴商标

（7）喷易洁釉

对需要喷易洁釉的产品，待锆乳浊釉面干后再喷易洁釉，将白坯放到喷易洁釉的喷釉橱内，使用机器人或人工在要求的部位面喷易洁釉，施釉方法见第 2 章 2.1.2 下（9）的④。

（8）装窑面修正

① 台下洗面器，用刮刀将盆沿内口刮一圈，宽度要求 2～3mm，如图 3-54(a) 所示。要求刮得平整斜度均匀，刮面不能有凹凸，盆沿内侧不能有掉釉现象；再将盆沿部位与装窑垫托接触面的釉擦干净，如图 3-54(b) 所示。防止发生装黏、缺釉等。

② 台上洗面器，用刮刀将盆外边沿下部与排水口处浮釉刮除并擦净，盆外边沿下部倒 1～2mm 斜棱，防止装黏、釉粘、底边缺釉等缺陷。

③ 使用人工喷枪（空枪）压缩空气吹扫台盆的釉面，清除修正时的刮削坯粉，釉层表面不能残留有任何杂质、坯粉渣。

（9）白坯点检、存放

完成施釉的白坯进行点检，确认外观质量，检查合格的白坯按要求搬运至搬运车或其他输送装置上，转运到指定地点。点检与存放要求见第 2 章 2.1.3.1 下（20）。

（10）每班作业结束后，对机器人、喷釉橱进行清理，收集回收釉

每天要回收当日施釉剩余釉浆。

(a) 刮盆沿内口　　　　　　　　　　　　　(b) 擦盆沿装窑接触面的釉

图 3-54　台下盆装窑面修正

3.6.2　机器人工作站坐便器施釉作业

专业作业人员配置：机器人操作人员 1 人/班，可管理多台机器人；设备保全 1 人/日，管理全部设备；机器人编程工作由企业编程人员兼任。

机器人工作站对作业环境、条件的要求：同本章 3.6.1 洗面器机器人单橱施釉作业的要求。

（1）作业前准备、确认工作

① 对机器人工作站供釉系统、机器人系统自动投入、机器人工作间原点自动投入、洗枪程序、清洗釉管路、喷枪加油等项控制程序按照要求进行确认。

② 确认喷釉压力（釉压）、釉浆雾化压力（风压）是否符合管理值。

③ 机器人喷枪状态测定：喷釉作业前将机器人喷枪调为手动模式状态，进行喷枪的釉浆吐出量、釉浆吐出形状的检测，测量结果要符合管理值；釉浆吐出形状的扇面调节：转动枪帽，调整扇面形状并确认雾化效果。

（2）青坯输送线运行

① 初始设置：打开控制系统 HMI 界面，如图 3-55 所示，根据产品型号分别设置"十字光标"定位点，点按"点动＋"或"点动－"设置光标 X 轴、Y 轴对应位置，并点按"保存坐标"记录不同型号对应的位置信息。在"上层转速""下层转速"对应输入框内输入初始设定速度值。

② 设备启动：设备启动前按规定做好设备点检和保养，合格后方具备开机基本条件；打开控制系统 HMI 界面，如图 3-56 所示，点击"A 线启动"按钮，青坯输送线开始运转，开启后确认设备有无异常。

（3）青坯上线

使用助力机械手将坐便器的青坯搬运至输送线托板上，并将输送线上坯体与托板标记对正，结合激光线，确认坯体是否摆放在托板居中测定的位置上，如图 3-57 所示；摆放错位会影响喷釉质量或造成机器人手臂碰坏坯体。

青坯上线时，如产品型号发生变更，人工点选对应型号按钮，"十字光标"根据预先设

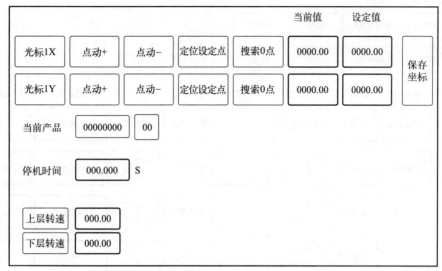

图 3-55 光标和速度设定界面

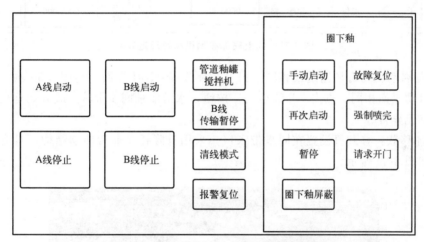

图 3-56 输送线及圈下喷釉设备启动界面

定的位置数据自动调整光标，并将型号信息与坯体上线次序绑定，为后续水道灌釉、喷釉等作业的自动化提供依据。

（4）青坯吹尘、擦拭

坐便器青坯沿输送线到吹尘橱，擦坯工用压缩空气（或吸尘器）将坯体水道、连体水箱等空腔内的坯渣等杂物吹（或吸）干净，用湿海绵将青坯表面坯粉擦拭干净，擦坯水按要求确认与更换。

图 3-57 青坯上线

（5）水道灌釉机作业

本实例采用本章 3.1.5.3 线上底部灌釉机。

① 初始设置：打开控制系统 HMI 界面，如图 3-58 所示，分别设定各传动机构速度以及水道灌釉作业工艺时间。

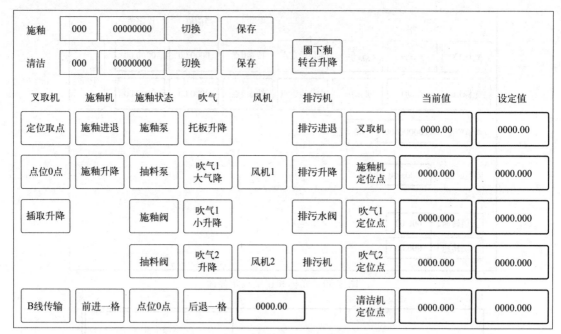

| 施釉 | 000 | 00000000 | 切换 | 保存 | | | | | |
| 清洁 | 000 | 00000000 | 切换 | 保存 | 圈下釉转台升降 | | | | |

叉取机	施釉机	施釉状态	吹气	风机	排污机		当前值	设定值
定位取点	施釉进退	施釉泵	托板升降		排污进退	叉取机	0000.00	0000.00
点位0点	施釉升降	抽料泵	吹气1大气降	风机1	排污升降	施釉机定位点	0000.000	0000.000
插取升降		施釉阀	吹气1小升降		排污水阀	吹气1定位点	0000.000	0000.000
		抽料阀	吹气2升降	风机2	排污机	吹气2定位点	0000.000	0000.000
B线传输	前进一格	点位0点	后退一格	0000.00		清洁机定位点	0000.000	0000.000

图 3-58　线上底部灌釉机参数设定界面

② 设备启动：与青坯输送线相同，打开控制系统 HMI 界面，与图 3-56 输送线及圈下喷釉设备启动界面相同，点击"B线启动"按钮，水道灌釉同步带输送线开始运转，开启后确认设备有无异常。

③ 青坯移载：移载机设置在同步带入口，采用升降托叉前后伸缩结构，具有升降和平移功能，如图 3-59 所示。

图 3-59　青坯移载机

作业时，将青坯输送线末端升降机托板上的坯体移动至同步带输送线上，托叉上升并向前移动至返板机上的托板与坯体之间的空隙，托叉上升将坯体托起，使坯体与托板分离后，托叉向后移动并将坯体放置在水道灌釉输送线上，空托板经青坯输送线末端返板机返回。

同步带输送线在伺服电机作用下实现步进式输送，分别将坯体精确地送至水道灌釉、擦坯、圈下喷釉、检验等工位。

④ 水道灌釉：青坯输送至水道灌釉工位，灌釉机根据青坯上线输入的信息，自动调整注釉/排釉机构的位置，并使其与坐便器排污口位置对正；坯体进入工位后，底部注釉机构

上升与排污口对接，上部密封装置在气缸作用下下降，并与便器座圈、连体水箱口密封，将连体水箱给水口封堵，如图 3-60 所示；供釉泵启动，将釉浆从排污口注入便器管道内，液位达到高度后自动停止运行；延时后底部注釉机构排釉阀打开，上部风机启动，使便器腔体内形成正压将管道内残留釉浆从排污口吹排出；底部注釉机构下降并缩回，同时上部密封装置上升返回原位，水道灌釉作业完成。

⑤ 水道入口擦拭：擦坯工位设置顶升转台，坯体运转至擦坯工位后，转台顶升，擦坯工用海绵将便器洗净面内的水道入口位置多余釉浆擦除，注意底部易发生缩釉（滚釉）部位的釉层厚度不可过厚。

⑥ 圈下喷釉：该工位对坐便器水圈下方出水孔面及附近区域喷釉，圈下喷釉橱配置喷釉机器人、除尘器等，系统根据产品型号信息，自动选择对应喷釉程序并完成喷釉作业，如图 3-61 所示。

图 3-60 水道灌釉机

图 3-61 圈下喷釉作业

当圈下喷釉机器人故障或不需要机器人对圈下喷釉作业时，可进入控制系统 HMI 程序"输送线及圈下喷釉设备启动界面"中，点击"圈下釉屏蔽"按钮跳过此工位。

⑦ 补釉和点检：补釉和点检工位设置在圈下喷釉和擦底之间，该工位设置顶升转台，在坯体进入擦底和喷釉前进行整体点检，对圈下喷釉橱无法自动喷釉的部位进行人工补釉，并确认检验台设置的"十字"红外线装置，作业人员根据红外线光标对坯体对应位置进行确认调整、纠偏，以保证后续喷釉作业的精准度。

⑧ 排污口擦拭：排污口擦拭机设置在坯体进入喷釉区域前，用于水道灌釉和补釉工位喷釉后排污口残釉的清理，如图 3-62 所示。坯体移动到排污口擦拭机正上方后，擦拭机旋转并上升，将排污口底部残余釉擦除干净，擦拭机具备前后距离调节功能，可针对不同坑距的产品进行自动擦拭作业。排污口擦拭机见本章 3.1.5.3 下（3）。

（6）锆乳浊釉喷釉作业

该作业区由 4 台喷釉机器人单橱和 1 台搬运机器人等组成，如图 3-63 所示。

① 设备构造：这里主要介绍控制装置。

a. 喷釉机器人单橱：喷釉机器人单橱是工作站作业的核心，系统采用旋转式机器人施釉设备，共有 4 台，分别独立完成喷釉作业，作业方式见本章 3.2.2；1 台搬运机器人担当

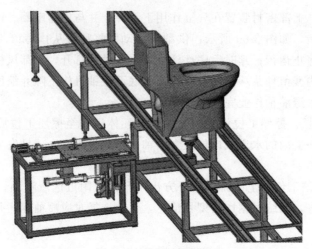

图 3-62　排污口擦拭机

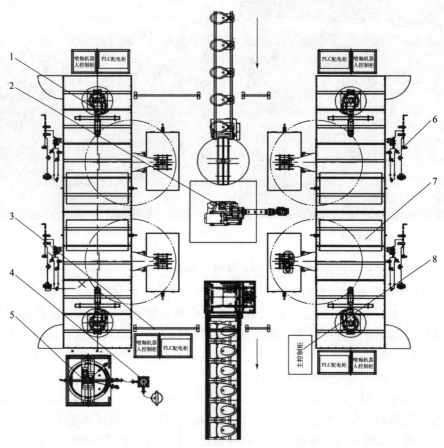

图 3-63　锆乳浊釉喷釉作业区构造示意图

1—机器人喷釉橱；2—搬运机器人；3—安全护栏；4—供釉系统；5—储釉罐；6—供气系统；
7—除尘系统；8—控制系统

青坯上线和白坯下线作业。

　　b. 搬运机器人：搬运机器人由机器人本体、搬运托叉组成，搬运托叉是一对对称的搬运叉齿，在机器人端部轴作用下可实现回转动作。

搬运机器人端部安装取坯托叉，如图 3-64 所示，托叉由连接杆、叉齿等组成，叉齿呈对称分布，可以叉取两件产品。

作业时托叉将擦底完成的青坯托起并进入等待状态，根据青坯上线时检知的相关信息，搬运机器人将其按优先次序搬运坯体至相应的喷釉单橱，根据机器人单橱需求，另侧托叉将喷釉完成的白坯从喷釉转台上托起旋转移走，待喷釉转台支架清洗后再把托叉上的青坯放置于喷釉转台上；青坯放置完成后，搬运机器人将白坯移动至白坯输送线上，坯体向前移至擦底机。

c. 电气控制系统：锆乳浊釉喷釉作业区电气控制系统分为机器人控制和系统控制

图 3-64　搬运机器人取坯托叉图

两个部分，作业区的 4 台喷釉机器人、1 台搬运机器人的控制分别由各自配置的机器人控制柜完成，同时承担机器人运动轨迹程序的编制与存储；系统控制负责机器人、输送线及其他关联装置的控制和作业协调，使整个系统保持安全高效运行，系统控制柜 HMI 主界面显示作业区各单元之间的运行状态，如图 3-65 所示。

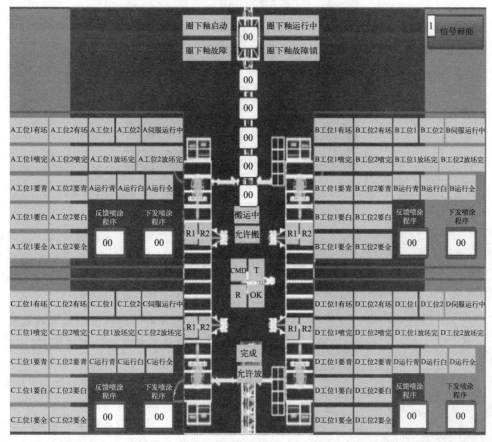

图 3-65　锆乳浊釉喷釉作业区运行状况示意图

② 喷釉作业

a. 青坯放置：搬运机器人从水道灌釉输送线末端叉取青坯，移动至喷釉橱，用空叉侧先将喷釉完成的白坯从喷釉转台上叉取旋转 180°移走，另侧托叉再将青坯放置在喷釉转台上；如图 3-66 的（a）～（c）所示；

(a) 叉取青坯

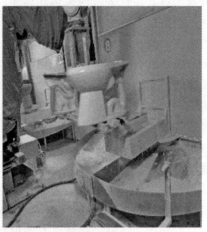
(b) 叉取白坯

(c) 青坯放置

图 3-66　青坯放置喷釉转台次序图

图 3-67　坯体喷釉

b. 喷釉作业：旋转式机器人施釉设备进行喷釉作业，如图 3-67 所示，每班作业开始前要检测喷枪的釉浆吐出量、釉浆吐出形状等，检测结果要符合要求，并对喷釉完成的首件产品进行釉厚确认；

c. 坯体搬出：喷釉后的白坯由搬运机器人从喷釉转台上叉取，并将坯体搬运至白坯输送线上。

（7）白坯输送线运行

白坯输送系统包括白坯同步带输送线、升降转台、擦底机等，其 HMI 控制界面如图 3-68 所示。

① 白坯同步带输送线：白坯同步带输送线在机器人喷釉系统末端，用于喷釉作业后白坯的输送；白坯同步带输送速度和节拍由同步带及其伺服控制系统实现；

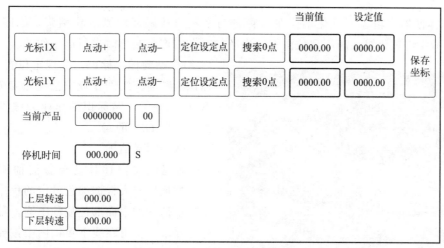

					当前值	设定值	
光标1X	点动+	点动-	定位设定点	搜索0点	0000.00	0000.00	保存坐标
光标1Y	点动+	点动-	定位设定点	搜索0点	0000.00	0000.00	

当前产品　00000000　00

停机时间　000.000　S

上层转速　000.00
下层转速　000.00

图 3-68　白坯输送系统控制界面

输送线设置白坯擦底、白坯修正、贴商标、喷易洁釉等作业岗位，分别由人工或机器人完成。

②白坯擦底：搬运机器人将叉取的白坯移送至白坯输送线上，由白坯同步带输送线移动至擦底机上方，坯体（外侧）擦底机海绵辊筒转动，将白坯底部（前后两侧）残余釉擦除干净，如图 3-69 所示；外侧擦拭完成后，坯体在同步带作用下移动至（内侧）擦底机上，海绵辊筒转动，将白坯底部（中间部位）残余釉擦除干净，如图 3-70 所示；擦底机运转方向是与同步带逆向运行，并带动擦坯海绵将底部残余釉擦除。

图 3-69　白坯擦底机（外侧）

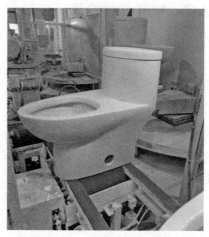

图 3-70　白坯擦底机（内侧）

（8）白坯点检、修正、贴标

①白坯擦底完成后输送至人工点检与白坯修正、贴标工位，点检白坯釉面有无釉缕、流釉、堆釉等缺陷，用海绵将发生部位轻轻擦平；连体水箱要擦净箱口上沿平面的余釉，注意擦拭角度与力度，避免釉面薄与缺釉；便器底边部用刮刀轻微修刮，倒 1~2mm 斜棱，防止造成产品装粘、缺釉等缺陷。

②连体便器水箱盖修刮处理：用刮刀将水箱盖背面边沿多余釉修刮干净，无堆釉、无浮釉；水箱盖与水箱口接触面的余釉必须用海绵擦干净，注意擦拭力度与角度防止盖沿与箱

口缺釉。

③ 连体便器水箱盖刷氧化铝：在水箱盖与水箱口接触面涂刷氧化铝浆，如图 3-71 所示；注意不要将氧化铝浆滴落到釉面上，也有的企业在产品装窑时进行此项作业。

图 3-71　水箱盖刷氧化铝浆

④ 贴商标、标识：在规定位置贴商标、标识。贴商标纸的作业方法见第 2 章 2.1.2 下（8）的①。贴标识的作业方法见第 2 章 2.1.2 下（8）的④。

（9）喷易洁釉

输送线将白坯移动至易洁釉喷釉橱工位，喷釉机器人根据编程设定的程序轨迹对需喷易洁釉的表面部位喷釉 1 遍，釉厚符合标准要求。也可在线下喷釉橱中按要求进行人工喷易洁釉，施釉方法见第 2 章 2.1.2 下（9）的④。

（10）白坯下线

坯体输送至线尾端，通过人工使用助力机械手将坯体移至指定位置（车）或输送线上。

（11）现场清理工作

每班作业结束后，对机器人、喷釉橱进行清理，收集回收釉，回收剩余釉浆。

3.7　智能立体仓库

智能立体仓库是储存卫生陶瓷白坯的一种常用方式，在青坯和成品的储存中也经常使用，如图 3-72 所示。

智能立体仓库具有以下优点：

① 空间利用率高：智能立体仓库充分利用仓库的垂直空间，其单位面积存储量远远大于普通的单层仓库，一般是单层仓库的 4～7 倍。

② 储存形态：智能立体仓库使用动态储存，不仅使货物在仓库内按需要自动存取，而且可以与仓库以外的生产环节进行有机连接，使仓库成为周转、储存形态，成为企业生产物流中的一个重要环节；通过短时储存，可使外购货物和自制生产货物在指定

图 3-72　智能立体仓库（外部）

的时间自动输出到下一道工序进行生产，从而形成一个自动化的物流系统。

③ 作业效率高：智能立体仓库采用高度机械化和自动化作业，出入库速度快，人工成本低，搬运作业可靠，破损少。

④ 准确率高：智能立体仓库采用先进的信息技术，白坯的进、出、储存的信息与数据

准确率高。

⑤ 可追溯性准确：智能立体仓库采用条码技术与信息处理技术，货物的名称、数量、主规格、出入库日期等信息存储于计算机系统，数据准确性和及时性能准确跟踪货物的流向。

⑥ 管理水平高：智能立体仓库采用计算机智能化管理，使企业生产管理和生产环节紧密联系，有效降低库存积压。

⑦ 运输和储存的破损率低：运输、存取等各环节由设备自动完成，运输和储存的破损率低，减少运输中对白坯的污染。

3.7.1　设备构造

按坯体的尺寸确定储存一个坯体所需储存单元的长、宽、高，根据厂房可使用的高度确定储存单元的层数与立体仓库的高度，根据厂房可使用的长度和宽度，结合对储存数量的要求，确定立体仓库的长度与宽度。

以单元货格式智能立体仓库为例，主要由自动化输送线、巷道式堆垛机、巷道、存储架、智能控制和信息管理系统组成，智能立体仓库构造如图 3-73 所示。

智能立体仓库的用电设备主要是巷道式堆垛机、自动化输送线、控制和信息管理系统。

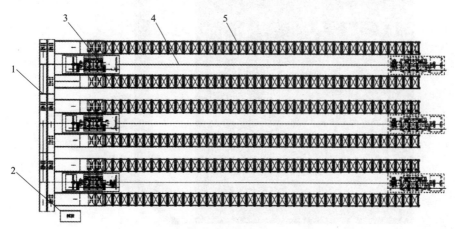

图 3-73　智能立体仓库构造示意图

1—自动化输送线；2—智能控制和信息管理系统；3—巷道式堆垛机；4—巷道；5—存储架

（1）自动化输送线

自动化输送线是智能化立体仓库的重要组成部分，立体仓库是一个完整的输送线，包括出库和入库的输送线，自动化输送线是立体仓库的外部设备，分布在立体式仓储架异侧或同侧，接入立体仓库用以坯体的存取，能够快速把需要存取的坯体送到指定地点。输送线分布在立体式仓储架同侧的模式，如图 3-74 所示。

自动化输送线将货物由仓库的入口输送

图 3-74　自动化输送线

到立体货架，或将货物从立体货架输送到仓库的出口。可以完全脱离人工作业，为执行全封闭管理提供了可靠的保障。

输送线的自动控制系统主要利用 PLC 控制技术，使系统按照生产指令，通过系统的自动识别功能和输送线系统，自动地和柔性地把托盘货物，以合适的路径、更快的速度，准确地从生产场地的一个位置输送到另一个位置，完成货物的时空转移，保证各种产品的生产按需要协调地进行和按需要迅速地变化。在这个过程中，路径控制成为输送线自动控制系统的技术关键，而系统其他部分则围绕路径控制进行相应工作。

滚筒式输送线是目前立体仓库中运用较为广泛的输送线，滚筒式输送线按照驱动方式分为动力和无动力滚筒式输送线，按布置方式可以分为水平滚筒式输送线和倾斜式输送线。碳钢、不锈钢、铝材、塑钢、PVC 是输送线的主要材质，驱动有减速电机驱动、电动辊筒驱动。调速方法分为变频调速、电子调速。

（2）巷道式堆垛机

巷道式堆垛机如图 3-75 所示，是自动完成货物出入库操作的输送设备，在货架的巷道内穿梭运行，将位于巷道口的货物存入仓储位或将仓储位的货物取出并运送到出库口。

图 3-75　巷道式堆垛机

① 运行原理：巷道式堆垛机由行走电机通过驱动齿轮带动滑车在下面导轨上做水平行走，由提升电机带动载货台做垂直升降运动，由载货台上的货叉做伸缩运动。通过上述三维运动可将指定货位的货物取出或将货物送入指定货位。行走认址器用于测量堆垛机水平行走位置；提升认址器用于控制载货台升降位置；货叉方向使用接近开关定位。通过光电识别，以及光通信信号的转化，实现计算机控制，也可实现堆垛机控制柜的手动和半自动控制。同时采用优化的调速方法，减少堆垛机减速及停机时的冲击，大大缩短堆垛机的启动、停止的缓冲距离，提高了堆垛机的运行效率。

② 构造：堆垛机主要由下横梁、载货台、货叉机构、立柱、上横梁、水平运行机构、起升机构、电控柜、安全保护装置和电气控制系统等几大部分组成。

a. 主体结构：堆垛机主体结构主要由上横梁、立柱、下横梁和控制柜支座组成。上、下横梁是由钢板和型钢焊接成箱形结构，截面性能好，下横梁上两侧的运行轮轴孔在落地镗铣床一次装夹加工完成，保证轮子的平行度，防止运行过程中阻力大或卡住，提高了整机运行平稳性；立柱是由方钢管制作，在方钢管两侧一次焊接两条扁钢导轨，导轨表面进行硬化处理，耐磨性好。在焊接中采用了具有特殊装置的自动焊接技术，有效克服了整体结构的变形；上横梁焊于立柱之上，立柱与下横梁通过法兰定位，用高强度螺栓连接，整个主体结构具有重量轻、抗扭、抗弯、刚度大、强度高等特点。

b. 载货台：载货台是通过起升机构的动力牵引做上下垂直运动的部件，由垂直框架和水平框架焊接成的 L 形结构，垂直框架用于安装起升导轮和一些安全保护装置。水平框架采用无缝钢管制成，完全能够满足载货的要求。

c. 水平运行机构：水平运行机构是由动力驱动和滚轮组成，用于整个设备巷道方向的运行。

d. 起升机构：起升机构是由驱动电机、卷筒、滑动组和钢丝绳组成，用于提升载货台做垂直升降运动。

e. 货叉机构：货叉伸缩机构是由动力驱动和上、中、下三个伸缩叉组成的一个机构，用于垂直于巷道方向的存取货物运动。下叉固定于载货台上，三叉之间通过链条传动做直线叉动式伸缩。

（3）巷道

为减少堆垛机的使用数量和提高设备运转率，每两排货架之间设置一条巷道，共用一台堆垛机，巷道内铺设轨道系统用于堆垛机的往复移动，轨道一般由天轨、地轨确保堆垛机运行的稳定性，如图 3-76 和图 3-77 所示。

图 3-76　巷道

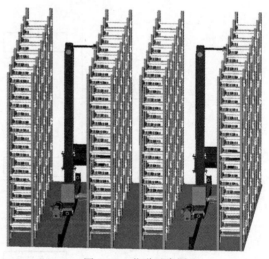

图 3-77　巷道示意图

（4）存储架

存储架是用于存储货物的钢结构，是智能立体仓库的主体组成部分，实现集约型储存，有效利用了仓库的存储空间。立体仓库货架由立柱、横梁（牛腿）、斜拉杆三大部分组成，目前主要有焊接式货架和组合式货架两种基本形式，大多企业采用组合式货架，图 3-76 中巷道两侧为组合式货架。存储架使用的材质和普通仓库货架一样。

存储架每层的货架都是由同一尺寸的货格组成，货格开口面向货架之间的通道，放入取出作业时堆垛机在通道中行驶并能对左、右两边的货架进行取、放作业。每个货格中存放一个货物单元。货架以两排为一组，组间留有堆垛机移动的通道，堆垛机沿通道内铺设的轨道移动，以保证能在狭窄的巷道内进行作业，为节约通道宽度，堆垛机采取侧叉式取放作业。

（5）智能控制和信息管理系统

此系统由 WCS 控制系统、WMS 仓库管理系统两部分组成。

WCS 控制系统实现立体仓库的智能控制，包括由计算机控制的入、出库设备，分配系统以及各种检测、安全装置的全部电控装置。

WMS 仓库管理系统实现立体仓库中货物的存储信息、记录查询，该系统能控制立体库的进出库和显示货物的储存状况，包括仓库的账目管理、数据分析、合理管理货位、设备运行及库存情况的状态显示等，是立体仓库运行的关键。

WMS 主要模块包括查询报表模块、系统管理模块、设备监控模块、库存管理模块、基础管理模块、任务管理模块。

① 查询报表模块：如图 3-78 所示。

② 系统管理模块：如图 3-79 所示。

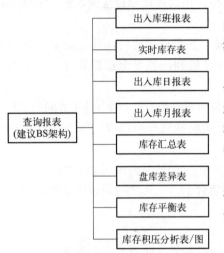

图 3-78　查询报表模块

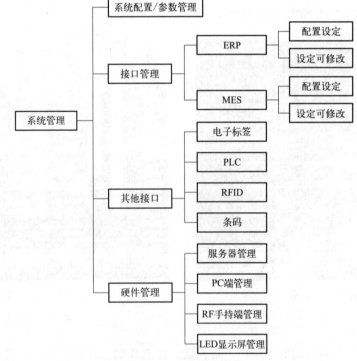

图 3-79　系统管理模块

③ 设备监控模块：如图 3-80 所示。

④ 库存管理模块：如图 3-81 所示。

⑤ 基础管理模块：如图 3-82 所示。

⑥ 任务管理模块：如图 3-83 所示。

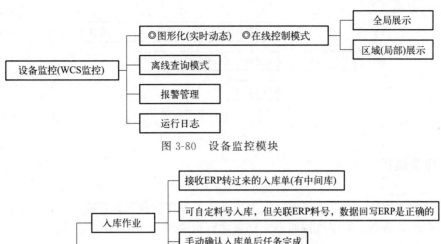

图 3-80　设备监控模块

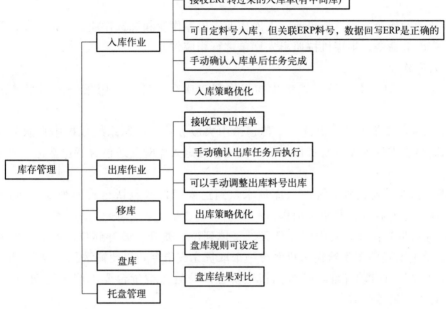

图 3-81　库存管理模块

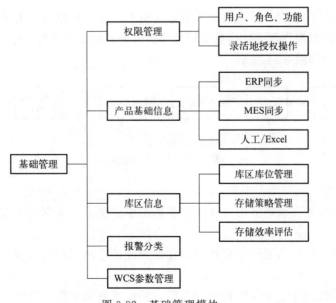

图 3-82　基础管理模块

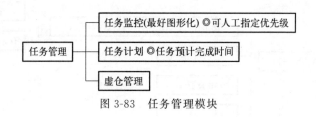

图 3-83　任务管理模块

3.7.2　作业流程

立体仓库的作业分为三个单元：入库作业、出库作业和拣选作业。根据订单的先后顺序生成出入库作业命令，堆垛机按照出入库单进行相应作业。

（1）入库作业

① 货物入库时，由输送系统将货物运输到入库台，货物使用条码识别系统进行扫描识别；

② 条码标签携带的信息被读入，传递给中央服务器，控制系统根据中央服务器返回的信息来判断是否准许入库以及货位坐标，当能够确定入库时发送包含货位坐标的入库指令给执行系统；

③ 堆垛机接受输送机系统的入库请求，到达入库口（包括运行的加速、运行、减速、停准等动作，起升载货台回原位动作）；

④ 堆垛机取货作业（其中包括伸叉、叉体到位、微升、微升到位、回叉、回叉对中等动作），取货完成还需要发给输送机系统一个取货完成指令，以便输送机释放占位；

⑤ 堆垛机通过自动寻址，运行到指定货位的位置（载货台要求同步运动到预定位置，包括水平位置和高度位置）；

⑥ 堆垛机放货作业，堆垛机检查货位是否有货（如有货则报故障），无货则将货物存放到指定货位；

⑦ 在完成入库作业后，堆垛机向控制系统返回作业完成信息，并等待接收下一个作业指令；控制系统同时把作业完成信息返回给中央服务器数据库进行入库管理。

入库作业流程如图 3-84 所示。

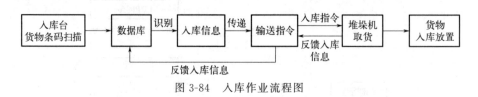

图 3-84　入库作业流程图

（2）出库作业

① 出入库操作员在收到生产或客户的货物需求信息后，根据要求将拣选作业需求单输入到管理系统中，生成出库单；

② 中央服务器将自动进行库存查询，并按照先进先出、均匀出库、就近出库等原则生成出库作业指令；

③ 堆垛机接收到控制系统收到的指令后，根据当前出库作业及堆垛机状态，安排堆垛

机的作业序列，将安排好的作业指令逐条对堆垛机发出拣选作业指令；

④ 堆垛机按照出库指令（在一个队列里的第一条指令），自动寻址达到预定货位的位置（其中包括运行的加速、运行、减速、停准等动作，载货台要求同步运动到预定位置，包括水平位置和高度位置）；

⑤ 取货作业，堆垛机检查货位是否有货（如无货则报故障），有货则将货架上相应的货物取出（其中包括伸叉、叉体到位、微升、微升到位、回叉、回叉对中等动作）；

⑥ 堆垛机携带货物运动至出库口位置；

⑦ 堆垛机向输送机系统发出卸货申请，输送机系统即刻回复是否可以卸货；

⑧ 当允许放货时，堆垛机执行放货作业；

⑨ 最后堆垛机将作业完成信息反馈到控制系统，并等待接收的新指令。

出库（拣选）作业流程如图 3-85 所示，出库作业如图 3-86 所示。

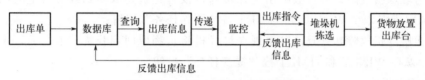

图 3-85　出库（拣选）作业流程图

（3）拣选作业

货物单元拣选出库时，堆垛机到指定货位将货物取出放置到巷道出库台，自动导引车取货后将货物送至分拣台，在分拣台上由工作人员或自动分拣设备按照出库单进行分拣；分拣完成后再由自动导引车送回巷道出入库口，由堆垛机将货物入库或者直接出库。

3.7.3　设备运行及管理

（1）运行准备

① 设备检查

图 3-86　出库作业

a. 检查运行轨道上有无障碍物和轨道磨损情况，货格内货物存放情况有无异常，运动部件的润滑脂、润滑油有无干枯或渗漏；

b. 检查钢丝绳有无断丝，焊接部位有无开焊，紧固件有无松动；

c. 操作前应确认该巷道无人进入，确保安全，输送线滚筒无损坏，链轮磨损在范围内、链条张紧适中；

d. 对光电开关等联锁设备进行检查。

② 系统启动

a. 闭合堆垛机和自动导引车的电源开关，释放现场所有的紧急制动按钮；

b. 闭合地面输送线的总电源开关，启动系统；

c. 启动时系统自动报警，报警时间（若干秒）可根据需要设定，通知所有作业人员离开现场；

d. 启动完成后，堆垛机和自动导引车自动进入"联机作业"方式，地面输送系统保留上次的控制方式；

e. 启动计算机，运行 WINCC 组态软件；

f. 在 WINCC 或 HMI 上将地面输送系统的控制方式设置为"联机作业"方式；

g. 执行作业任务时，出现故障的处理方法：

• 如出现可恢复的故障时，请点击 WINCC 中相关设备的"故障复位"文本框或到相关设备的 HMI 上点击"继续执行"按钮；

• 如出现不可恢复的故障时，到相关设备或相关设备的 HMI 上处理；

• 如为输送机和自动导引车的故障，处理完成后，请点击 WINCC 中相关设备的"故障复位"文本框或到相关设备的 HMI 上点击"继续执行"或"停止运行"按钮；

• 如为堆垛机故障，并且故障出现在堆垛机没有将货物取回到载货台上之前，手动将货物放回到取货点，在 WINCC 和 HMI 上按"删除任务"按钮；

• 如为堆垛机故障，并且故障出现在堆垛机将货物取回到载货台上之后，手动将货物放到卸货点，在 WINCC 和 HMI 上按"提交任务"按钮。

（2）设备运行

① 堆垛机操作。堆垛机供电：释放所有急停按钮，地面总配电柜为堆垛机供电，堆垛机进入启动阶段15s后（时间可根据需要进行调整）堆垛机自动进入作业状态。

联机作业：当堆垛机重新上电时，如果旋转开关在联机状态，系统将自动进入"联机作业"方式，否则，要将旋转开关旋转到"联机作业"，系统将进入联机状态，等待作业指令。

设备作业：操作人员进入巷道，站在堆垛机操作平台上，将旋转开关旋转到单机状态，再点击"本机方式"，进入单机模式选择界面，根据需求选择单机模式，通过 HMI 控制堆垛机完成本机作业。

HMI 操作：系统启动后自动进入"登录界面"，按屏幕上的任意位置进入到"作业主界面"。

在作业主界面点击"本机方式"→"控制方式"，选择"单机模式"或"联机模式"。

② 输送线操作。配电柜电源上电：打开配电柜控制面板，将配电柜中的断路器开关（主开关、电源启动开关）合上后关闭面板，点击配电柜面板上的绿色按钮，依次对动力柜、控制柜上电。

动力柜用于电机、变频器供电，打开动力柜控制面板，将柜内电机断路器开关合上并关闭面板，按下面板上的绿色按钮，电机、变频器上电。

控制柜用于控制元器件正常运行和逻辑控制供电，包括 PLC 及其扩展模块、HMI、网络交换机、读码器、光电开关等。打开控制柜面板，将电柜中的断路器、低压电源开关合上并关闭面板，控制柜为控制元器件正常供电。

点击控制柜面板或 HMI 运行界面的"启动"按钮，输送线按预定程序正常运转。

故障复位：在电源有输出的情况下，分区域进行各种故障复位。

③ 作业结束

a. 所有作业完成后，退出 WINCC 系统，关闭计算机；

b. 关闭地面输送机的总电源开关，关闭系统。

（3）安全要求

① 各岗位的操作人员，必须经过岗前培训并考核，合格后方可上岗；非操作者、维修

者不允许动用设备；设备启动前检查堆垛机运行巷道内是否整洁无异物，系统启动后，如声光报警器报警，应通知所有工作人员离开设备作业区域。

② 操作人员在进入巷道前往操作堆垛机时，一定要确保堆垛机处于停止运行的状态方可进入操作，维修人员进行设备维修一定要拉闸断电并悬挂"禁止合闸"警示牌，严禁人员攀爬货架。

③ 保证设备急停有效，且设备运行时，无关人员禁止在巷道内穿行、停留。

④ 除检修必要时（此时应采取相应措施将载货台固定在导轨上），其他任何情况下，载货台下严禁站人；电气柜内为三相380V交流电，非专业维修人员禁止触碰。

注意事项：堆垛机定位方式为激光定位，严禁移动行走和升降反射贴纸（折光板）固定座的位置。

⑤ 立体仓库设备正常工作环境温度范围为-10～40℃，当环境温度超过此温度范围时，必须采取适当的措施，以满足设备正常启动条件，否则，将会给设备造成不可逆转的损害。

⑥ 禁止挤压和踩踏输送线、检知片、各类开关和固定支架、各类传感器等易变形、损坏的部件。

⑦ 严禁遮挡红外通信器和激光测距仪。

⑧ 根据环境条件，定期检查，并使用软布擦拭各种光电开关、光通信器件、反射镜表面的灰尘，防止影响传感器正常工作，对已损坏元器件应及时更换，以免对设备造成更大的损失。

⑨ 立体库区内，不得有易燃易爆的气体或粉尘存在，以免发生危险。

⑩ 对具有腐蚀性、挥发性的液体或固体应妥善包装，以免对设备造成损害，降低设备的使用寿命。

⑪ 货物入库时，操作者应该检查货物外形尺寸是否超差，特别是长度方向，同时检查货物是否放置平稳。

⑫ 对因托盘卡阻原因造成的故障，不得使用野蛮作业方式排除，以免造成设备损坏。

（4）设备维护保养

① 堆垛机维护保养：

a. 每班检查运行轨道上是否有障碍物，货格内货物存放情况有无异常，立柱、下横梁、升降轨道有无异常，各运行、升降、货叉伸缩等运动部件有无异常，各运动部件的润滑脂、润滑油有无干枯或渗漏，升降钢丝绳有无损坏，机构在运行中是否有异常噪声和振动；

b. 每月定期检测电气元件是否紧固无松动，光电传感器是否正常，清理光电传感器上的灰尘，确认行程开关、摇臂、减速板是否松动，有无移位；

c. 每季度对金属结构、立柱、下横梁、升降导轨是否变形或扭曲，是否有裂缝和龟裂现象，连接螺栓和定位销是否松动进行确认；

d. 每季度对升降机构电动机、减速机、制动器有无噪声和发热，减速器的油量和渗漏情况，升降钢丝绳磨损情况，滚动轴承是否有异常声音，连接驱动装置的螺栓是否松动，钢丝绳两端固定的牢靠情况进行确认；

e. 每季度对行走机构电动机、减速机、制动器有无噪声和发热，减速器的油量和渗漏情况，车轮和导向轮踏面的磨损和噪声情况，与下横梁连接销轴是否窜动，螺栓是否松动进行确认；

f. 每季度对货叉机构电动机、减速机、制动器有无噪声和发热，减速器的油量和渗漏情况，链条是否松动，链条链轮的磨损情况和润滑情况，货叉伸缩情况，导向轮以及滚动轴承有无磨损和异常声音进行确认；

g. 每季度对载货台焊接有无开裂、各连接螺栓有无松动、导向轮的磨损情况和与轨道间隙的情况、滚动轴承是否正常进行确认。

② 输送线维护保养：

a. 每天上班前查看各光电开关和行程开关是否有损坏、工作是否正常、安装位置是否松动或偏移，每间隔 3～4 天要将光电开关上的灰尘全面清洁一次，同时查看光电开关的照射距离；

b. 每周对输送机链条进行一次检查，重点是每个升降台上传动辊的链条松紧度确认，要保证托盘停位准确，否则进行调整，调整链条时要注意各辊子间的平行度，否则托盘跑偏。每周对各升降台进行 1 次高低位校检，发现问题及时调整，调整停位最高、最低时均欠一点为好，不能停在最高、最低和超出最高、最低；

c. 每个月要给各电动机、减速器及各驱动轴、轴承注油，链条、轴承注黄油，每 3 个月对电气控制柜中的所有紧固件螺钉进行一次确认加固；

d. 每半年对所有电动机的紧固螺钉进行一次确认加固，调整车轮紧固螺钉时，不能拧得过紧，不然底座容易断裂。

③ 一般故障的排除：一般故障的排除见表 3-13。

表 3-13　一般故障的排除

序号	故障表现	故障原因	处理方法
1	堆垛机速度过低	堆垛机进入寻址后长时间无法运行到位	检查机械、轨道或提高停车速度
2	堆垛机的目的列出现错误	堆垛机运行的目的地址与下发的地址不相符	检查下发的目的地址,消除此次作业,并重新下发目的地址
3	堆垛机上限速开关故障	上限速开关故障	检查线路、折光板或更换开关,同时检查堆垛机的编码器。修理或更换上、下限速开关
4	堆垛机下限速开关故障	下限速开关故障	
5	堆垛机货叉中位停叉开关故障	货叉中位停叉开关故障	检查开关、线路是否损坏或开关和撞尺是否配合
6	堆垛机载货台货物探测开关故障	载货台货物探测开关故障	检查开关、线路是否损坏或开关和反光板是否配合
7	堆垛机过载保护	货物超重	调整货物重量后重新运行
8	堆垛机货叉过热保护	长时间运行或过载运行导致货叉热继保护	打开控制柜,按下"FR"热继电器的红色触头
9	堆垛机与输送机通信故障	与输送机通信发生故障,机器不动作	检查线路,排除故障
10	输送线卡板	①工装板问题;②信号问题;③滚筒问题	①检查更换工装板;②检查、擦拭信号,调整位置;③检查、更换滚筒
11	输送线减速器异响	①轴承损坏;②缺润滑油	①更换轴承;②补充润滑油

第4章
施釉工序管理工作

施釉工序的管理工作可分为生产管理和质量管理工作，人工施釉和机器人施釉的管理工作基本相同。

4.1 生产管理工作

生产管理工作包括日常生产管理、安全管理、新人培训、粉尘治理、工程管理等工作，设备管理、设备安全管理工作已在第2章说明。

（1）日常生产管理工作

① 班次安排：施釉工序班次的安排要服从窑炉烧成对白坯数量的要求，人工施釉一般安排每天1~2班作业，机器人施釉为了最大限度地发挥设备的优势，可每日安排3班，每周休息一班或一天用于设备维护。另一方面，白坯存放时间以不超过3天为宜，根据白坯储存的能力，确定每周工作的班次与天数。

② 生产数量管理：做好施釉工序每班与生产相关的数量管理和统计工作。统计表见表4-1。

表 4-1 施釉工序生产数量统计表

班次：　　　　　　　　　　　　　　　　　　　　　　　　　　年　　月　　日

数量＼品种						合计
青坯数量						
青坯损失						
喷釉数量						
白坯损失						
白坯入库数						

③ 喷釉效率管理：做好喷釉效率管理工作。

喷釉效率与釉浆性能等条件有很大的关系，各个企业的喷釉效率有一定的差别，某企业喷釉效率管理标准实例见表4-2，供参考。

表 4-2　某企业喷釉效率管理标准

产品品种	人工喷釉橱喷釉 /(件/人·班)	循环施釉线喷釉 /(件/人·班)	单橱机器人喷釉 /(件/台·班)
连体坐便器	63	—	88
分体便器	92	—	118
水箱	190	290	215
洗面器	145	245	155
小便器	125	160	125

④ 职工教育培训工作。按企业要求进行职工教育培训工作，并要求施釉工序作业人员在作业时，禁止佩戴手上饰品，不可留长指甲，避免伤到坯体。

⑤ 落实管理责任制，落实工序（科室）和班组长责任制，以下为某企业班组长管理职责实例。

实例 1：　　　　　　　　施釉工序班组长管理职责

① 各班要召开班前会，包括布置当日生产任务，以及交接班中应注意的事项等。

② 确认生产计划，包括品种数量、孔眼、出口国家、商标、颜色。

③ 做好人员的工作分配。

④ 确认各岗位作业人员的作业质量。

⑤ 将不合格青坯产品退换，破损分类并补足数量，返修产品单独记录；釉坯破损须返工时要及时拉回并补足釉坯数量，破损的白坯要将商标、标识、条码纸清理干净。

⑥ 接收当日釉浆，确认送釉与当日送釉单上批号内容一致，确认釉浆的检测项目，并做好相关检测；合格的釉浆做好保护工作，区分颜色，各种釉桶要按规定地点摆放并且要有标识；桶盖要保持干净，其上面不能存有杂物，加釉时使用120目尼龙筛网过滤，并做好筛余样片；擦白坯釉缕用的水桶上要覆盖40目尼龙筛网。

⑦ 开始喷釉前，确认各喷枪是否测定釉浆吐出量和釉浆吐出的形状，以及检测首件产品的釉层厚度。

⑧ 随时关注釉浆使用过程中的性能波动，注意青坯的供应情况。

⑨ 喷釉结束后，组织清理喷釉橱、收集回收釉的工作。

⑩ 确认完成喷釉产品的数量，将破损白坯数量及时补足。

⑪ 当日下班之前，确认当日生产计划的完成情况以及设备的完好状况等事项。

⑫ 做好交接班工作。

交接班内容：

a. 前一班生产进度产量完成情况；台账记录。

b. 设备运行情况；安全生产情况；工艺指标过程控制情况。

c. 生产线上存放的原、辅材料数量等情况。

d. 产品质量存在的问题。

e. 企业文件、通知、通报、指令等有关内容。

f. 公用的工装器具的完好状态。

g. 作业区域环境及作业条件存在的问题等。

（2）安全管理工作

做好安全教育工作，对不安全因素采取对策。人工施釉工序不安全因素及管理对策见表 4-3。

表 4-3　人工施釉工序不安全因素及管理对策

序号	不安全因素	存在地点	管理对策
1	作业环境存在粉尘	喷釉橱、吹尘橱、倒坯吹尘	在吹尘、喷釉作业点设置负压区域，作业人员佩戴防尘口罩及护目镜
2	作业环境存在设备噪声	喷釉橱、吹尘橱（噪声来自风机的震动和压缩空气使用）	作业人员佩戴耳塞（罩）
3	坯体的搬运及作业人员长时间站立，对腰部造成损伤	坯体的搬运及站立进行作业的人员	培训人员按安全操作规程搬运坯体；保证班中休息（每两小时，休息 10 分钟），部分产品可以坐在凳子上喷釉；作业人员佩戴护腰带
4	设备故障、清扫的伤害	流水线动作、车辆、喷釉橱、助力平衡器等	对作业人员进行安全教育，严格执行设备操作规程，做好设备保养与清扫，保持设备良好运行状态；进行设备点检、清扫时按要求佩戴安全帽、手套；使用助力平衡器搬抬产品，人员要穿劳保鞋，防止造成产品掉落砸伤

（3）新人培训工作

① 人工喷釉橱施釉、循环施釉线施釉的新人培训工作：某企业新人培训内容见表 4-4，新人培训时间均为 1 个月。培训内容也用于对现场作业人员技能的确认与考核。

表 4-4　人工施釉新人培训内容

培训岗位	施釉方式	作业人员培训内容
喷釉岗位	人工喷釉橱施釉	(1)培训步骤：现场观摩、培训、试上岗、考核
		(2)作业要领培训内容：正确使用劳动保护用品，掌握喷釉作业的操作要领（含供釉设施、供气设施使用管理），产品注意事项，使用的工装具和设备的安全操作要领
		(3)喷釉操作培训内容 ①喷枪构造、喷枪拆解、组装、故障排除； ②喷枪接入压缩空气、自来水（替代釉浆），握枪要求，雾化状态调节； ③喷枪接入压缩空气、自来水，利用成瓷（表面涂有喷涂轨迹墨线）训练喷釉路线及枪距训练； ④喷枪接入压缩空气、釉浆，用废坯练习喷釉，喷釉后的白坯进行烧成后检验釉面喷涂效果； ⑤其他一些相关的规章制度
	循环施釉线施釉	①培训步骤：现场观摩、培训、上岗、考核
		②培训内容：与人工喷釉橱施釉培训相同，不同点在于将喷釉流程根据循环线上产品的不同工位进行拆解

培训岗位	施釉方式	作业人员培训内容
施釉其他岗位	人工喷釉橱施釉	(1)培训步骤:现场观摩、培训、试上岗、考核
		(2)作业要领培训内容:正确使用劳动保护用品,掌握喷釉作业各岗位的操作要领(供气设施使用管理),产品注意事项,使用的工装器具和设备的安全操作要领
		(3)擦坯工操作培训内容 ①正确使用低压灯、海绵等; ②擦坯水使用要领; ③各类产品的擦坯部位和擦坯路线
		(4)倒坯工操作培训内容:产品搬倒运输的防护、产品除尘(吹尘)的要领等
		(5)贴标工操作培训内容(可兼作) ①按工艺要求正确使用商标定位治具和涂刷贴标用 CMC 浆; ②掌握贴商标纸的作业方法及要领
		(6)白坯点检工操作培训内容(可兼作):掌握各类白坯点检项目及所点检部位的作业要领
	循环施釉线施釉	①培训步骤:现场观摩、培训、逐步上岗、考核
		②培训内容:上坯工、擦坯工、白坯修正工、贴标工、下坯工、白坯点检工等,工作总量没变,是将人工喷釉橱施釉擦坯工和倒坯工等的工作进行拆解,培训内容相同

② 机器人施釉的新人培训工作:机器人施釉的新人培训包括机器人操作、机器人编程、设备保全等内容。某企业的新人培训内容见表4-5,新人培训时间均为1至2个月。培训内容也用于技能的确认与考核。辅助工序作业人员的培训与人工施釉相同。

表 4-5 机器人施釉的新人培训

培训岗位	主要职责	作业人员培训内容
机器人操作	该岗位人员负责对喷釉过程中工艺参数的管理,施釉设备点检及日常运行与维护,对于运转过程中常见的故障进行处理	培训内容:正确使用劳动保护用品,掌握本岗位的操作规程,产品和安全知识及注意事项。 机器人操作培训包括以下内容: ①机器人的型号、机器人的用途;机器人的系统组成; ②机器人主要技术参数; ③机器人编程方式; ④TP(示教器)基础; ⑤机器人施釉对工艺参数的要求; ⑥机器人设备点检及日常运行与维护; ⑦机器人喷釉中常见故障、原因及对策
机器人编程	该岗位人员负责机器人程序编制,包括喷釉机器人、搬运机器人等,并对机器人在使用过程中程序编程的调整;同时具备机器人的使用和维护保养知识、机器人故障排除	培训内容:除"机器人操作"人员培训内容外,还要培训机器人软件系统,示教器设置输入输出 I/O 配置等内容,包括: ①机器人软件系统; ②远端控制器; ③机器人通信; ④输入输出 I/O; ⑤外部 I/O
设备保全	该岗位是设备保全人员,负责喷釉系统的运行管理	培训内容以设备安全操作规程及安全管理规定为主,设备安全操作规程培训内容: ①机器人操作者必须对自己的安全负责,使用的机器人与设备必须是安全的,必须遵守安全条款; ②机器人程序的设计者、机器人系统的设计和调试人员必须熟悉机器人的编程方式和系统应用; ③操作者要控制好机器人的移动速度; ④要保持各种安全锁与其他安全措施的持续有效性

（4）粉尘治理

施釉工序的一些作业点会产生粉尘，粉尘治理是一项十分重要的工作。要减少室内作业场所的粉尘，保证喷釉橱、吹尘橱等作业点的负压达标，使用高效的除尘设备，保证对外排放达标。

粉尘治理主要工作：

① 施釉工序进行全面通风，吹尘、喷釉区域加装局部通风、除尘装置。

② 坯体喷釉与吹尘作业必须在喷釉橱和吹尘橱内进行，喷釉与吹尘方向应朝向排风方向，作业工作台要设置上吸下吹的排风系统。

③ 坯体喷釉、吹尘作业人员必须佩戴防尘口罩与耳塞，有专人检查、监督。

④ 做好作业环境粉尘量的日常监测工作。

⑤ 定期做好现场职业卫生健康教育、检查和评价工作。

（5）除尘设备

施釉工序排出的含尘气体，一般还要经过除尘器除尘再排放，根据施釉工序粉尘特点，常用的除尘设备分为三种类型：湿式除尘器、滤筒脉冲式除尘器、烧结板脉冲式除尘器，其中湿式除尘器为湿法除尘，其他为干法除尘。设备优缺点见表 4-6。

表 4-6　常用除尘设备优缺点

项目	优点	缺点
湿式除尘器	①设备简单,造价较低; ②相对于滤筒脉冲式、烧结板脉冲式除尘器体积小	①能耗较高,用水量较大,浆水需进行处理,设备易腐蚀; ②如果设备安装在室外,冬季必须采取设备的防冻措施
滤筒脉冲式除尘器	滤料可做成褶皱形状,增大过滤面积	①设备造价比较高; ②如尘黏附在除尘滤筒表面,可使除尘器效率降低
烧结板脉冲式除尘器	①烧结板表面可做成波纹形状,增大过滤面积; ②烧结板使用寿命长; ③烧结板采用树脂材料,具有较强的耐湿性,树脂材料的疏水性和表面光滑性较好,不易黏结湿粉尘	设备造价比较高

除尘器选型时，一般根据除尘橱截面积和风速确定。

以下为三种除尘设备的简要说明。

① 湿式除尘器：湿式除尘器在卫生陶瓷生产行业得到广泛使用，俗称"水浴除尘器"，湿式除尘器利用水浴和喷淋两种形式进行除尘，如图 4-1 所示。

a. 主要技术参数（举例）：

吸尘室内腔尺寸（长×宽×高）：3920mm×1250mm×1250mm；

除尘形式：水幕淋浴式；

引风机型号：4-72№4A；

引风机参数：最大流量 7400m³/h，最大全压 1300Pa；

引风机电机：Y132S1-2，5.5kW，2900r/min；

耗水量：1t/h；

整机外形尺寸（长×宽×高）：4430mm×2386mm×3209mm；

　　整机重量：1600kg。

　　b. 设备构造：由水箱、进气箱、水喷淋装置、排气箱、锥形洗气管等组成，如图 4-2 所示。

图 4-1　湿式除尘器

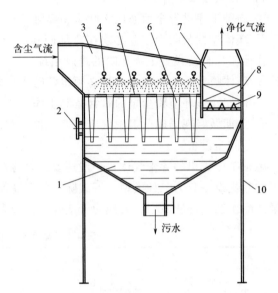

图 4-2　湿式除尘器构造示意图

1—水箱；2—水位观察窗；3—进气箱；4—水喷淋装置；
5—隔板；6—锥形洗气管；7—排气箱；8—除雾器；
9—气流均布板；10—支架

　　c. 除尘原理：湿式除尘是含尘气体与液体（水）相互接触，通过凝聚、惯性碰撞、接触阻流等使尘粒与气体分离，被液滴捕捉的尘粒数量决定了湿式除尘器的除尘效率。

　　含尘气体受到高压离心风机的吸力进入进气箱，在进气箱顶部斜板作用下均匀分布，并与喷淋装置喷出的水雾混合，粉尘被雾滴充分润湿后进入锥形洗气管。由于锥形洗气管管径从上到下逐渐减小，使喷雾能在洗气管的内壁形成均匀的水膜。充分润湿的粉尘与已形成均匀水膜的洗气管内壁发生碰撞，大部分粉尘被捕捉下来，余下的粉尘在气流作用下经洗气管的下端进入水箱中，在惯性碰撞、接触阻流等作用下实现粉尘高效收集，被净化的气体经气流均布板、除雾器排出。

　　d. 设备特点：

　　• 湿式除尘器可以有效地将直径为 0.1~20μm 的液态或固态粒子从气流中除去，对粒径小于 5μm 粉尘的除尘效率高，同时，也能脱除部分气态污染物；

　　• 能够处理高温、高湿的气流，将着火、爆炸的可能减至最低；

　　• 结构简单、占地面积小、操作及维修方便和净化效率较高等优点；

　　• 能耗较大，管道容易发生腐蚀；

　　• 除尘中产生的浆水需进行处理；

　　• 如果设备安装在室外，冬季必须采取设备的防冻措施。

　　e. 使用与维护：

• 每班作业前要对设备各连接部位进行检查，确认无误后方可进行作业；

• 喷釉作业前要确认引风系统和水循环系统是否正常运行，后部检查门要完全关闭；

• 引风机调风装置和水循环系统阀门在使用过程中可能稍有调整，但调整完毕后不要再随意变动；

• 要避免将团絮状物体吸入到除尘室，以免造成水循环管路阻塞；

• 水箱内部沉淀粉尘要定期清理。清理方法：打开排污阀门，搅动沉淀物随同浆水一起排出，然后更换清洁水；

• 定期对设备进行检查，排除故障，使设备始终处于良好的工作状态。

② 滤筒脉冲式除尘器：滤筒脉冲式除尘器是一种利用滤筒除尘、脉冲除灰的干式除尘器，如图 4-3 所示。

a. 主要技术参数：常用滤筒脉冲式除尘器型号及参数见表 4-7。

图 4-3 滤筒脉冲式除尘器

表 4-7 滤筒脉冲式除尘器型号及参数

序号	项目	PH-01-07L	PH-01-12S	PH-01-18S	PH-01-24S
1	过滤面积/m²	84	99	150	200
2	滤筒数量/个	7	12	18	24
3	清灰方式	脉冲反吹式			
4	电磁脉冲阀/个	7	6	9	12
5	风机风量/(m³/h)	2520～10080	2970～11880	4455～17820	18790～22520
6	除尘器阻力/Pa	800～1000			
7	过滤风速/(m³/min)	0.5～2			
8	压缩空气压力/MPa	0.4～0.6	0.4～0.6	0.4～0.6	0.4～0.6
9	空压机排气量/(m³/min)	0.6	0.6	0.9	1.2
10	电机功率/kW	11	15	18.5	22
11	外形尺寸(长×宽×高)/m	2.0×1.3×3.8	2.0×1.7×3.8	2.2×1.8×3.8	2.8×1.9×3.8

b. 设备构造：滤筒脉冲式除尘器由支架、进风口、箱体、尘气室、滤筒、花板、脉冲清灰装置、净气室、出风口、灰斗、手动蝶阀、电控系统等组成，如图 4-4 所示。

c. 除尘原理：在除尘器风机的作用下，含尘气体从除尘器下部的进风口进入箱体的尘气室内，尘气室内设置多个滤筒，滤筒为中空，内部形成负压，滤筒外表面包裹聚酯纤维作为滤料，含尘空气通过滤料进入滤筒内时，粉尘吸附在滤筒的滤料上，过滤后的气体经过滤筒内部的通道进入箱体上部的净气室，由排气管路汇集至出风口排出。

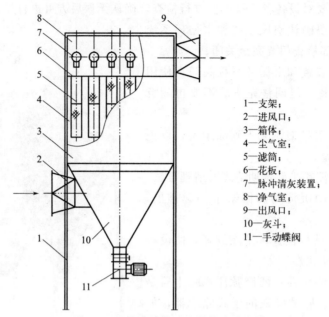

1—支架;
2—进风口;
3—箱体;
4—尘气室;
5—滤筒;
6—花板;
7—脉冲清灰装置;
8—净气室;
9—出风口;
10—灰斗;
11—手动蝶阀

图 4-4　滤筒脉冲式除尘器构造示意图

积聚在滤筒外表面上的粉尘会增加设备的运行阻力,粉尘越厚,阻力越大,除尘效果越差,运行阻力应控制在规定范围内,当超过规定范围时,PLC 脉冲自动控制器发出指令,进行清灰。

滤筒除尘器通过脉冲控制仪控制脉冲阀的启闭进行清灰。当脉冲阀开启时,气包内的压缩空气通过脉冲阀经喷吹管上的小孔喷射出一股高速、高压的气流,使滤筒内出现由滤筒内向外的喷射气流,同时产生膨胀和微动,使沉积在滤筒外表面滤料上的粉尘脱落,掉入灰斗内,灰斗内的粉尘通过卸灰阀排出。这种方式清灰彻底,又避免了喷吹清灰产生的粉尘二次吸附。

d. 设备特点:

• 滤筒采用聚酯纤维作为滤料,将一层亚微米级的超薄纤维黏附在普通滤料上,黏附层上纤维间的排列非常紧密,极小的筛孔可将大部分亚微米级的尘粒阻挡在滤料表面。将滤料做成带有褶皱的圆筒,并利用特殊定做的龙骨套在其中作支撑,可增大过滤面积,并使除尘器结构更为紧凑;使用寿命长,维修工作量小。

• 脉冲清灰过程由脉冲控制仪自动控制,可根据需要的时间间隔方式进行清灰。除尘器内设置多个滤筒,可设定对某个(或某对)滤筒清灰,其他滤筒正常工作。

• 除尘效率高,能除掉微细的尘粒,对处理气量变化的适应性强。

• 设备造价较高;如湿尘黏附在除尘滤筒表面,会降低除尘器效率。

e. 使用与维护:

• 制定运行管理制度,设备管理人员要记录运行情况,经常检查清灰装置运转是否正常,调整清灰时间,保证清灰效果;

• 随时观察烟尘的排放浓度,如发现冒灰,应及时检查滤筒破损情况和尘气室密封情况,更新滤筒、封堵漏气孔隙;

• 清灰使用的压缩空气不洁净的,需要加装空气滤清器,注意空气滤清器的安装方向要与压缩空气流动方向一致；

• 除尘器停机前，要对滤筒清灰；

• 定期对设备进行检查，排除故障，使设备始终处于良好的工作状态。

③ 烧结板脉冲式除尘器：烧结板脉冲式除尘器，全称为烧结板滤芯式脉冲式除尘器，又称烧结板过滤器、塑烧板除尘器，采用烧结板为过滤元件的干式除尘器。烧结板由高分子树脂材料经过高温、高压烧结而成，内部设有通道，表面具有大量贯通的微专米级细孔，如图 4-5 所示。

图 4-5 烧结板（滤片）

a. 主要技术参数：烧结板脉冲式除尘器型号及参数的举例见表 4-8。

表 4-8 烧结板脉冲式除尘器型号及参数

序号	项目	HSL1500/10	HSL1500/18
1	过滤面积/m²	112.5	229.2
2	烧结板（滤片）数量/片	15	30
3	清灰方式	脉冲反吹式	
4	电磁脉冲阀/个	15	30
5	风机风量/（m³/h）	8000	16000
6	风机静压/Pa	2000～2500	
7	除尘器阻力/Pa	1000～2000	
8	过滤风速/（m/min）	1.2	1.16
9	过滤精度/μm	0.1	
10	滤片尺寸/mm（长×宽×高）	1550×1050×62	
11	间隔脉冲时间/min	1～15,可调	
12	脉冲气压/MPa	0.4～0.6	
13	脉冲时间/s	0.5	
14	空压机排气量/（m³/min）	0.1	0.2
15	电机功率/kW	11	22
16	外形尺寸/mm（长×宽×高）	2050×1600×4080	2500×1860×3800

b. 设备构造：与②滤筒脉冲式除尘器大致相同，不同的是采用成型的烧结板代替滤筒，省去了安装框架。设备构造如图 4-6 所示。

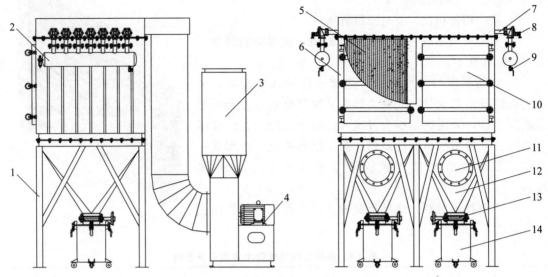

图 4-6　烧结板脉冲式除尘器构造示意图

1—支架；2—脉冲储气罐；3—出风口；4—电机和风机；5—烧结板（滤片）；6—脉冲喷吹管；7—箱体；8—电磁
脉冲阀；9—储气罐排污阀；10—检修门；11—进风口；12—灰斗；13—手动蝶阀；14—粉尘收集桶

c. 除尘原理：在除尘器风机的作用下，含尘气体从除尘器下部的进风口进入箱体，箱体内设置多个烧结板（滤片），烧结板内部通道形成负压，含尘空气由烧结板外进入内部通道时，粉尘被拦截在表面，过滤后的干净气体进入箱体上部，由排气管路汇集至出风口排出。

清灰方式与滤筒脉冲式除尘器相同。

d. 设备特点：

• 烧结板的过滤机理属于表面过滤，主要是筛分效应，烧结板自身的过滤阻力波动范围较小，运行比较稳定；

• 清灰过程完全靠气流反吹将粉尘从烧结板吹落，在此过程中，没有烧结板的变形或震动；粉尘层脱离塑烧板时呈片状落下，而不是分散飞扬，不需要很大的反吹气流速度；

• 具有较强的耐湿性，树脂材料的疏水性和表面光滑性较好，不易黏结湿粉尘；

• 烧结板使用寿命长，烧结板的刚性结构消除了纤维织物滤袋因骨架磨损引起的问题；

• 烧结板表面可做成波纹形状，增大过滤面积；

• 设备造价比较高。

e. 使用与维护：

• 除尘器的使用温度要在烧结板标定的温度内，否则会损坏烧结板。

• 清灰使用不洁净的压缩空气，需要加装空气滤清器，注意空气滤清器的安装方向要与压缩空气流动方向一致。

其他使用和维护与滤筒脉冲式除尘器的内容基本相同。

（6）施釉工序 QC 工程管理表实例

QC 工程表是整体品质程序里的一个整合部分，是推进质量管理的有效方法。人工施釉工序 QC 工程管理表实例见表 4-9，供参考。

表 4-9 人工施釉 QC 工程表

编号：　　　　　核准：　　　　　审查：　　　　　□原型品　□量产前　■量产　　　　　编制：

QC 工程表编号								变更履历	制/修订日期		□量产前 制订				制/修订内容				■量产		版次 制/修订者		A/0 确认
产品系列			卫生陶瓷系列																				
产品型号			全系列（型号）						制/修订日期 年 月 日														
产品名称			产品施釉					管理特性	要求			管理方式					记录方式		权责人员		异常处置方式		
工序	操作名称	设备、工具、材料	管理序号	管理内容	质量特性					检验方式	抽样数量/频率		统计技术		记录表单								
SY-01	青坯出库	运搬车、扫码枪	1	数量、质量	扫码、外观		B		按计划数量扫码出库、坯体无破损	声音、目视	出库前		全数		条码管理系统记录			作业者			重扫码、退回青坯库		
SY-02	釉浆接收	釉桶	1	批号、釉浆性状	批号、性状		A		釉浆与送釉单上批号内容一致、性状检测合格	性状检测	接收前		全数		送釉记录单			组长			退回原料工序		
SY-03	青坯点检（吹尘、擦拭）	运搬车、海绵	1	青坯点检	外观质量		A		坯体表面无灰尘、异物、磕碰等	目视	施釉前		全数		—			作业者			退回		
			2	拿取方式	顺序		A		拿取先下后上、码放先上后下	目视	1 件/次		全数		—			作业者			指导教育		
SY-04	水道灌釉	灌釉装置	1	相对密度、釉厚	釉浆、尺寸		B		釉浆相对密度 1.2～1.5 釉厚：约 0.2mm	波美计或相对密度瓶、刻度放大镜	1 次/班		首件		检测记录表			作业者			釉料调制、更换、确认作业		
SY-05	喷钴乳浊釉（白釉）	供釉泵、压缩空气泵、釉枪、测定量具	1	供釉压力	压力		A		0.2～0.3MPa	压力表	1 次/班		各喷枪		—			作业者			压力调整		
			2	雾化压力	压力		A		(0.6±0.1)MPa	压力表	1 次/班		各喷枪		—			作业者			压力调整		
			3	喷枪吐出量	吐出状态		A		(9±1)s/200mL	秒表、量筒	1 次/班		各喷枪		施釉管控记录表			组长 作业者			调试		
				形状				枪距：约 400mm 近似圆锥体（弧面）喷着面：φ150mm±20mm	目视	1～2 次/班		各喷枪										
			4	干燥速度	时间		A		(24±3)min/5mL	测定板	1 次/班		喷釉前					组长			调试		
			5	釉层厚度	尺寸		A		白坯釉厚：0.7～1.0mm	刻度放大镜	1 件/班		首件		釉层厚度检测记录表			组长			作业确认		

编号：　　　　　　　　　　　　　　　　　　　编制：　　　　审查：　　　　核准：

续表　A/0

□原型品　□量产前　■量产　　版次 A/0

工序	操作名称	设备、工具、规范、材料	管理序号	管理内容	质量特性	管理特性	要求	检验方式	抽样数量/频率	统计技术	记录表单	权责人员	异常处置方式
SY-06	打商标、贴商标识（贴商标、印刷商标、贴商标标识与贴商标相同）	商标贴纸、CMC浆、尺具、印商标模板、商标釉瓶	1	印标模板	外观	A	印标模板与丝网无破损，无阻塞	目视	使用前	全数	—	作业者	修理、更换
			2	商标纸	外观	A	商标贴纸符合质量要求完好无损坏	目视	使用前	全数	—	作业者	更换、废弃
			3	CMC浆	有效使用时间	A	每班需使用统一配置新的CMC浆，有效使用时间8小时	目视	使用前	全数	—	作业者	更换、废弃
			4	刷印商标、贴商标	位置、外观	A	在商标规定位置印刷商标或贴商标；确认商标外观与釉面无异常	目视	1次/件	全数	—	作业者	修理
SY-07	喷易洁釉	供釉泵、压缩空气泵、喷枪、测定量具	1	供釉压力	压力	A	约0.1MPa	压力表	1次/班	各喷枪	施釉管控记录表	作业者	压力调整
			2	雾化压力	压力	A	（0.6±0.1）MPa	压力表	1次/班	各喷枪		作业者	压力调整
			3	喷枪吐出量	时间	A	（5±2）s/200mL	秒表/量筒	1次/班	各喷枪		作业者	压力调整
				吐出状态	形状	A	枪距：300~400mm 近似圆锥体（扇面） 喷着面：φ90mm±10mm	目视	1~2次/班			组长 作业者	调试
			4	干燥速度	时间	A	（13±3）min/5mL	测定板	1次/班	喷釉前		组长	调试
			5	易洁釉厚度	尺寸	A	釉厚：0.1~0.2mm	刻度放大镜	1件/班	首件	釉层厚度检测记录表	组长	作业确认

编号：　　　　　　　　　编制：　　　　　　　　　续表

核准：　　　审查：

□量产前　□原型品　■量产

工序	QC工程表编号	操作名称	设备、工具、规具、材料	管理序号	管理内容	质量特性	管理特性	要求	检验方式	抽样数量/频率	统计技术	记录表单	权责人员	异常处置方式 A/0
	SY-08	喷釉橱清理（回收釉）	喷釉橱、铲子	1	回收釉	外观	A	回收釉,无异物,串色	目视	1次/班	喷釉橱	—	作业者	拣选、废弃
				2	喷釉橱、幕板、托架转台	外观	B	喷釉橱、幕板、托架无破损,托架台旋转正常	目视	1次/班	喷釉橱	—	作业者	修理、更换
				3	铲子	外观	B	统一放置、清洁无异物,串色	目视	1次/班	—	—	作业者	颜色区分
	SY-09	白坯点点检	运搬车、手灯	1	白坯点点检	外观质量	A	白坯釉面无缺釉、刮伤、标识,孔眼不良、余釉处理不净等缺陷	目视	1次/件	全数	—	作业者	修正、废弃
				2	拿取方式	顺序	B	拿取先下后上,码放先上后下	目视	1次/件	全数	—	作业者	指导教育
	SY-10	白坯入库	扫码枪	1	白坯扫码	逐一扫条码	A	白坯点检合格入白坯库 存放计划无差异,入库条码无漏扫	声音/目视	1件/次	全数	条码管理系统记录	作业者	重扫码
	SY-11	施釉数量	—	1	坯体施釉	数量	A	与计划无差异	日报表	各型号	全数	施釉日报表	科长	调计划
	SY-12	设备点检维护	—	1	设备运转	状态	A	运转无异常	五感及器具	每班	主要设备	设备日常维护点检表	作业者	设备修理
	SY-13	缺陷统计	—	1	烧成合格率、施釉缺陷统计	数值	A	施釉缺陷缺陷设定值	日报表	每班	施釉缺陷	各种施釉缺陷记录表	组长	修正

4.2 质量管理工作

质量管理工作的目的是提高施釉质量，减少施釉出现的缺陷，保证施釉作业的顺利实施，质量管理主要内容见表 4-10。

表 4-10　质量管理主要内容

序号	质量管理内容	管理要点、方法
1	釉浆；性能；指标；检测	釉浆的物理性能要求及测定频度见第 1 章的表 1-18、表 1-19； 釉的烧成性能要求及测定频度见第 1 章的表 1-21、表 1-22
2	作业环境、条件确认； 釉浆批号、釉浆性能确认； 喷枪状态测定； 施釉作业方法	作业环境、条件确认内容见第 2 章表 2-5； 釉浆批号、釉浆物理性能确认内容见第 2 章表 2-6； 喷枪状态测定内容见第 2 章表 2-7； 施釉作业方法见第 2 章的内容，按制定的操作规程和规定、作业指导书作业
3	人员培训	培训作业人员的技能，注意确认实际操作水平，对确认与考核不合格者不得上岗
4	其他：回收釉管理； 节假日检修； 节假日后复工	保持干净，不能污染；做好标识； 喷釉装置彻底清扫，设备全面检修； 确认喷釉装置清扫是否达标，设备全面试运行
5	烧成中施釉缺陷分析及对策	建立质量分析会制度，对施釉缺陷分析，采取对策；设定施釉缺陷目标值
6	施釉工序工程管理	制定 QC 工程表，操作规程和规定、作业指导书等

以下介绍质量分析会制度、缺陷分析与对策，制定操作规程和规定、作业指导书及实施、检查，质量控制点的检测、确认及记录等工作。

（1）质量分析会制度

每周召开试验室、原料、烧成、施釉工序参加的釉浆物理性能、烧成品釉面质量的分析会，必要时，质量检验部门和品保监察部门也要参加。

每周召开成型、施釉、烧成工序参加的青坯、白坯质量分析会。

每天召开各班组全体人员参加的产品缺陷现场质量分析会。

现场质量分析会议内容：在指定地点摆放出存在质量问题的产品，分析查找原因，确定改进措施、改进措施的担当人、改进措施完成时间。总结上次会议改进措施的进展情况。

以班为单位绘制施釉质量控制图表，并张贴。

（2）缺陷分析及对策

对施釉工序造成烧成品缺陷的原因要进行分析，寻找原因，采取对策。

来自施釉操作和釉浆物理性能的锆乳浊釉施釉缺陷的名称、特征、产生原因及对策见表 4-11，易洁釉施釉缺陷的名称、特征、产生原因及对策见表 4-12。

表 4-11　锆乳浊釉施釉缺陷名称、特征、产生原因及对策

序号	缺陷名称	缺陷特征	缺陷产生原因	对策
1	釉薄 (图 4-7)	①烧成品釉面整体或局部坯体遮盖力差、色泽不一致、有色差; ②釉面产生波纹状釉薄	①喷釉走枪过程中丢枪或停滞,找枪不到位; ②在修理产品局部流釉时,海绵擦拭的力度过大,反复擦拭,釉擦得过多; ③在修理产品局部流釉时,进行修理的时机过早,釉坯过湿,急于擦拭,造成釉薄; ④产品补釉时的方法不当,没补好; ⑤修补釉太干与原来釉层黏结不好,会有脱落; ⑥釉浆黏度过低,含水量高,流动性快,吐出量大,喷得釉层表面薄,还会出现流釉、堆釉、釉缕等,在修正擦拭时容易出现釉薄;釉浆黏度过高,含水量低,流动性差,喷出的釉量小,出现釉薄; ⑦喷枪的雾化压力过低,釉浆雾化不好,出现釉点,造成波纹;压力过高,已经黏附在坯体上的釉面容易被吹掉,造成釉薄; ⑧喷枪出釉孔或出气孔堵塞,致使喷釉雾化形状不符合要求造成釉薄	①按施釉顺序与操作要领要求作业,加强作业者操作培训,喷釉时使釉层厚度达标; ②修理釉坯的局部流釉时,掌握合适的力度,不可用海绵用力擦拭,尤其注意更换新海绵时的修正擦拭力度更要轻; ③禁止刚喷完釉的坯体立刻修正,在修正后确认是否补枪增加釉厚度; ④产品掉釉补釉时要用湿海绵将掉釉部位浸湿,然后再将修补釉补在掉釉部位(要尽可能地减小补釉面积),待干燥后再用新的水砂纸将多余的釉磨掉; ⑤调整修补釉水分;用CMC提高修补釉黏结强度; ⑥加强釉浆性能状态管理,控制在规定范围内,不合格的釉浆必须返回原料车间重新调制;喷釉作业人员熟悉所使用的釉浆性能,按施釉作业要求喷釉,确保坯体釉的厚度; ⑦按要求调节好喷枪的雾化压力; ⑧勤观察喷出釉的雾化状态,及时调整喷枪,勤擦枪帽,避免堵眼;按规定对喷枪进行平时保养
2	毛孔(也称氧化针孔) (图 4-8)	烧成品釉面局部有成片细小针眼似的毛孔,可见破口泡或不破口泡,凹坑分布不均匀。产品盆内及双面带釉部位易出	①喷釉过厚,在烧成时妨碍坯体的气体排放,釉面熔融前部分颗粒未能完全氧化,导致釉面出现毛孔; ②釉浆干燥速度过快,两遍喷釉时间间隔过长,且第1层釉浆过薄或有虚枪,将空气封闭在釉层中,烧成后釉面形成小针孔; ③喷釉时,青坯表面温度过高或水分过高; ④坯体施釉后,在釉面水分未干时过早补枪; ⑤窑温不合理; ⑥对毛孔缺陷进行对策,在青坯或白坯上刷氯化镁溶液	①培训施釉操作方法,严格按照釉坯釉厚要求喷釉; ②确认釉的干燥速度,如问题比较大,则返回原料车间再调制;调整好供釉与雾化压力,确认吐釉量,控制好枪距,喷第一遍釉时,釉厚不可过薄; ③接收合格青坯,如果坯体温度过高,须先将产品放置一段时间,待温度下降后再进行施釉;确认青坯的水分; ④注意补枪时机,要在坯体施釉面水分略干后补枪; ⑤联络烧成调整窑温; ⑥按要求的调配比例配制氯化镁溶液;按规定的涂刷部位及遍数涂刷(详见表后的说明)

序号	缺陷名称	缺陷特征	缺陷产生原因	对策
3	爆釉 (图4-9)	烧成品的釉层有爆裂,部分釉面有爆起或有杂质附着在釉层下,并且与正常釉颜色不一致	①青坯表面有杂质或尘土,未清理干净存留在釉下,漏擦、漏检。主要集中在水道、圈边、底边、棱边等处; ②青坯过湿,检查时不容易发现附着物	①加强对作业人员培训,按青坯擦拭作业要求与部位顺序进行擦拭,避免漏擦、漏检。用低压灯照明对易发生爆釉部位重点检查; ②确认坯体干燥程度
4	滚釉 (也称缺釉) (图4-10)	在烧成品釉面上,釉面向周边滚缩、形成中间缺釉露出坯体或局部釉面缺损、发灰,但不是完全无釉的状态	①喷釉前的吹尘、擦拭不到位,坯体表面留有污物,形成一个中间层,减弱了釉层对坯体的附着力,产生滚釉,多发生于边、角、棱、沟等处; ②水道灌釉与喷釉的釉面重合部位的釉面结合得不好造成滚釉; ③对白坯的边角修正操作不当; ④局部釉层过厚易出现釉面滚釉、开裂(特别是水道入口内底部和单双面吃浆接合部位); ⑤作业者的手脏,有油、水造成坯体局部融粉化缺釉; ⑥白坯存放、搬运、装窑中,因操作不当釉面发生刮蹭,造成缺釉; ⑦釉浆干燥速度过快或釉浆环收缩过大,容易造成拐角出现釉厚或滚釉; ⑧釉浆超细、黏度大、釉熔体表面张力过高,釉与坯的浸润性不良,导致缩釉性缺陷; ⑨釉配方不良,导致在常温下或者在釉熔之前釉层局部脱落; ⑩室内水汽大,白坯表面潮湿,加热后釉层开裂卷起,导致小面积滚釉; ⑪喷釉时雾化压力不稳,压力高时,釉浆附着力差,压力低时,釉浆雾化程度差,压力过高或过低会出现釉层厚薄不均,易出现釉薄、滚釉; ⑫青坯在库时间过长,坯体过干或起碱皮,容易造成滚釉; ⑬青坯温度过高,着釉快,使釉层过厚,形成滚釉; ⑭喷釉过程中虚枪过多,容易造成滚釉; ⑮坯体棱角处的圆角半径过小,容易造成釉滚釉	①加强吹尘与擦拭操作培训,作业时,注意检查产品沟角等部位是否干净;使用低压灯照明,做到灯到、眼到、手到,擦除坯体表层的杂物,也可利用毛刷掸掉表面的杂质; ②水道灌釉完成后,要将存留在坯体表面及水道底窝等部位的余釉擦拭干净; ③改进白坯的边角修正操作,主要修正的力度要均匀、深浅一致,不要伤及边角的釉面; ④釉厚超标时,要及时处理; ⑤作业者的手要保持干爽洁净,不能有污垢,要勤洗手或用毛巾擦手,不能手过湿时搬青坯、白坯; ⑥白坯搬运时要轻拿轻放,注意码放间距并做好防护;运输中要平稳,防止发生磕碰;加强白坯的釉面检查,及时修补损坏的釉面; ⑦调整好釉浆干燥速度与釉浆环收缩; ⑧加强釉浆性能的监测,确保在管控范围内; ⑨调整釉料配方,适当地增加釉配方中的黏土含量;釉料配方中增加少量的钾、钠、钙、锌等; ⑩管控青坯库、施釉车间及白坯库的环境及温湿度; ⑪调好喷釉时的雾化压力; ⑫青坯出库要先进先出; ⑬使青坯温度在管控范围内; ⑭按作业要求控制枪距、雾化压力、雾化形状; ⑮修正模具,加大坯体棱角处的圆角半径

序号	缺陷名称	缺陷特征	缺陷产生原因	对策
5	釉缕 (图 4-11)	烧成品釉面凸起的条状、波浪纹或釉滴痕迹	①喷釉时走枪不稳; ②釉浆黏性低,干燥快; ③喷枪发生故障造成缺陷; ④供气管路上使用的减压阀发生故障,造成釉浆吐出量不稳定	①加强喷釉操作的培训; ②使用黏性合格的釉浆; ③及时调整或修理喷枪; ④及时修理、更换减压阀
6	釉脏 (也称杂欠点) (图 4-12)	烧成品釉面有异色斑点,如黑色、灰黑色、棕色、绿色等,有的向周围延伸逐渐消失,或釉面上有裹着釉的小坯渣,光滑并呈凸起形状	①釉浆有杂质或喷釉过程中落入污物、坯粉; ②釉浆管道不干净,混有污物; ③喷釉枪未定期清理或带病作业造成釉脏; ④吹尘、擦坯不到位,留有杂物,形成釉脏; ⑤喷釉后,釉面上有异物,修正白坯时,坯渣、坯粉粘到白坯上; ⑥打工号、标识时污染到釉面,造成釉脏; ⑦擦坯水带来的杂质形成釉脏; ⑧压缩空气过滤不好; ⑨釉浆原料有杂质或在釉浆加工中的除铁设备出现问题; ⑩作业环境带来的灰尘造成釉脏	①做好釉浆验收,发现筛余杂物或铁脏过多,立即停止使用,更换釉浆;按时清除喷釉橱中的堆积粉尘、污物; ②喷釉使用的供气管路、供釉管路要定期清理;定期更换筛网;定期清理釉浆桶; ③每天必须清洗喷枪并点检; ④加强吹尘与擦拭操作培训,加强作业水平的管理; ⑤修正白坯时,检查釉面上是否有异物;在刮边、修底时注意坯渣、坯粉不能粘到白坯上,并要保持手的洁净; ⑥打工号、标识时,手上沾上有色印油要及时洗掉,打工号区域不要有掉落的色渣附着在白坯上; ⑦勤换擦坯水,使用的水必须过筛,筛网要按规定及时点检与清理更换; ⑧定期检查压缩空气过滤器的过滤效果与更换; ⑨使用杂质少的原料;定期确认除铁设备和除铁效果; ⑩做好现场 5S 管理,避免灰尘落到白坯上;需要时在白坯上覆盖防尘布等;按规定开启与关闭门窗
7	釉裂 (图 4-13)	烧成品釉面出现釉裂、小隐裂	①坯釉膨胀系数不匹配; ②修补釉与原来釉层收缩不一致,使釉层出现裂纹; ③搬运白坯时,沾有水的手将釉面破坏,釉面产生裂纹	①调整坯釉膨胀系数; ②修补釉中增加干釉粉,降低其收缩; ③搬运白坯时,必须用干毛巾擦干净双手
8	商标、标识不良 (图 4-14)	烧成品的商标与标识有标脏、折标、爆标、歪标、错标、倒标、污标、不规范等	①贴商标作业不规范,确认不到位; ②商标纸不符合要求; ③贴标用的 CMC 浆调配比例不符合要求;使用过期 CMC 浆; ④丝网刷印商标:作业者操作不规范和使用不良商标模板及印油造成商标不良	①加强对作业人员培训,规范贴商标作业; ②使用前确认商标纸的质量; ③每天必须使用车间统一调配的 CMC 浆,严格控制调配比例;每班要按规定使用新调 CMC 浆,剩余的报废; ④加强对作业人员培训,规范丝网刷印商标作业要求,作业前对使用的商标模板工具等点检确认

序号	缺陷名称	缺陷特征	缺陷产生原因	对策
9	坯落脏 (也称坯渣) (图4-15)	坯体表面和孔眼内残留坯渣,烧成时造成釉表面有凸起的缺陷;釉上坯落脏无釉,摸着划手;釉下坯落脏一般不挂脏、不划手	①青坯吹尘不到位,在喷釉时或喷釉后,孔眼内残余泥渣掉落在釉面上; ②擦坯时,将刮边刮底的坯渣或异物附着在坯体表面,未擦拭干净; ③在白坯搬运过程中,异物掉落到坯体表面	①对孔眼吹尘时要彻底,避免孔眼内存有残余泥渣; ②擦坯时,将刮边修底后附着在釉坯上的土粉坯渣彻底擦掉干净; ③对搬运工具定期清扫,尤其注意对容易掉落异物部位的清扫;在白坯上盖上防护物
10	磕碰 (也称装磕、坯磕) (图4-16)	青坯或白坯因与其他硬物冲击、颠簸,在烧成后产生开裂,部分产品局部釉面有被外力碰掉的现象。装窑阶段出现的称为装磕,装窑阶段之前出现的称为坯磕	①运输时颠簸,搬运拿取过程中对坯体操作不当,致使上口、底边或棱角部位受到磕碰; ②白坯底部有积釉,放在运搬车的车面时,积釉被粘掉,造成坯体缺损或缺釉; ③搬运时,作业者身上的金属物品等将产品釉面碰伤	①对作业人员培训各类产品的不同拿取方法与搬运方式,要求在搬运过程中轻拿轻放,不拉帮、抠眼,产品之间保持一定间隔,按要求做好产品的运输防护; ②控制产品底边的釉厚,杜绝流釉,如底边釉过厚,需用刮刀或海绵擦拭处理; ③施釉工序作业人员作业时,手上不能佩戴饰物,不可留长指甲

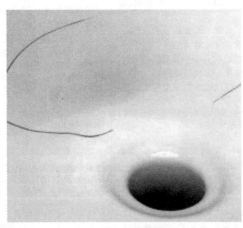 

(a) 擦拭发生的釉薄　　　　　　　　　　　(b) 波纹状釉薄

图 4-7　釉薄

图 4-8　毛孔(氧化针孔)

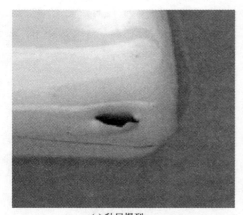
(a) 釉层爆裂

(b) 釉层爆起

图 4-9　爆釉

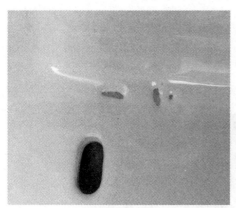
(a) 沟、窝滚釉

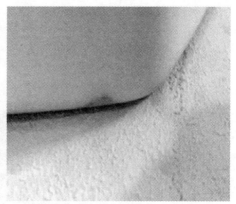
(b) 边、角滚釉

图 4-10　滚釉（缺釉）

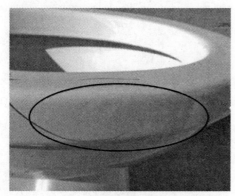
(a) 波浪纹釉缕

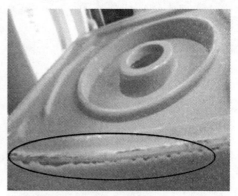
(b) 底部釉滴釉缕

图 4-11　釉缕

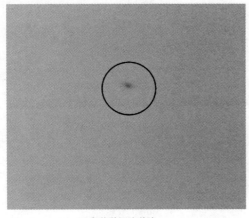
(a) 裹着釉坯渣釉脏

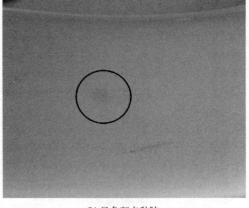
(b) 异色斑点釉脏

图 4-12　釉脏（杂欠点）

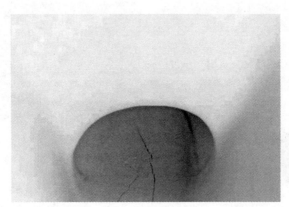

图 4-13　釉裂

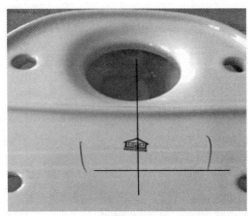
(a) 商标贴歪

(b) 标识号污标

图 4-14　商标、标识不良

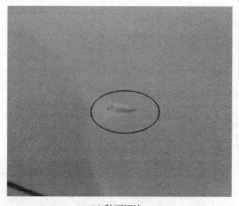
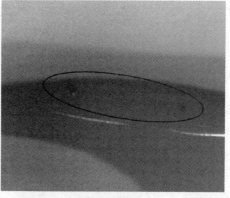

(a) 釉下坯渣 　　　　　　　　　　　　 (b) 孔眼处坯落脏

图 4-15　坯落脏（坯渣）

图 4-16　磕碰（装磕、坯磕）

表 4-11 中序号 2 的对策⑥的说明：

刷氯化镁溶液的方法（供参考）：

方法一：将氯化镁与水配制成浓度为 1:1 的溶液，用毛刷在容易出现毛孔缺陷的青坯部位刷 2～3 遍此种溶液，待坯体表面干燥后喷釉。

方法二：将氯化镁与水配制成浓度为 1:3 的溶液，为了便于确认，溶液中可兑入有机颜料，用毛刷在容易出毛孔缺陷的白坯部位刷一遍此种溶液。这种方式的优点是效果较明显，但是要注意控制涂刷的量，如偏多，容易出现烧成品釉面无光的缺陷，同时，在涂刷的过程中，注意氯化镁溶液不要滴落在白坯上，避免烧成品釉面出现局部无光的缺陷。

表 4-12　易洁釉施釉缺陷名称、特征、产生原因及对策

序号	缺陷名称	缺陷特征	缺陷产生原因	对策
1	白斑点 （图 4-17）	部分釉面呈现出多个白色斑点（釉面平整）	①喷枪雾化不好； ②喷枪离喷釉面太近或走枪慢； ③白坯釉面过湿或釉面釉虚，喷洁釉后，釉面相互渗透，形成釉面白斑； ④易洁釉浓度过低及干燥速度过慢	①确认并调整雾化与釉浆压力到规定范围内； ②调整枪距；适当提高走枪速度； ③釉面干透后再喷易洁釉；喷锆乳浊釉时白坯釉面防止釉虚现象； ④适当提高易洁釉的浓度和干燥速度

序号	缺陷名称	缺陷特征	缺陷产生原因	对策
2	单斑点 （图4-18）	釉面有单个白色似有棕眼的斑点	坯体中存在的气泡、小熔洞，经过烧成在釉面的表现	防止成型注浆时混入气泡及杂质
3	絮状纹 （图4-19）	釉面呈现絮状纹	①白坯釉过厚或过湿； ②坯体的两面都喷釉时（双面喷釉），造成坯体中的气体很难释放出来，形成易洁釉的缺陷	①喷釉作业，控制釉厚；白坯釉面干透后再喷易洁釉； ②坯体的喷釉面可刷氯化镁溶液

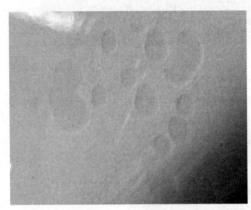

图 4-17　白斑点

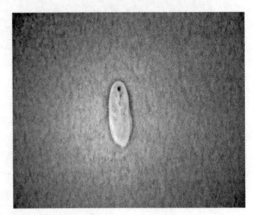

图 4-18　单斑点

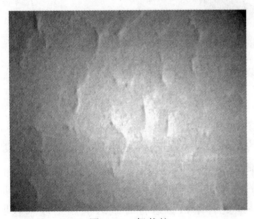

图 4-19　絮状纹

（3）制定操作规程、作业指导书，并实施和检查

制定施釉工序的操作规程和作业要求、作业指导书，并实施和检查。操作规程和作业要求对作业方法和与质量有关的事项提出了明确的要求和限制；作业指导书是叙述操作内容及要求的书面文件，是对操作者的强制性要求，也是生产操作的管控手段，它是长期生产实践经验的总结，是企业重要的技术成果。

①人工施釉作业要求的实例。以下为某企业擦坯作业要求实例，供参考。

实例2：　　　　　　　　　　　　　　擦坯作业要求

一、准备工作

① 提前到达工作现场，将所用工具按要求定位放置，检查工具是否齐全、完好。

② 穿戴好劳动保护用品，正确佩戴防尘口罩。

③ 作业时，禁止佩戴手上饰品，不可留长指甲，以免划伤坯体。

④ 低压手灯接线处不可裸露铜线，必须用胶布缠裹，避免接触坯体发生铜脏；低压灯泡的上半边要安装防护罩，防止作业时晃眼及万一灯泡因过热破损时发生伤害，如使用LED灯，则发热的温度较低；水砂纸、百洁布一律禁止使用；毛刷、掸笔的尖角、铁片处必须用胶布包裹，避免作业时划伤坯体。

⑤ 擦青坯要使用经过 350 目不锈钢筛网过滤的净水，且盛擦坯水的容器内要放置 40 目的尼龙过滤筛网和除铁棒。

⑥ 要熟悉青坯的型号与部位的名称及重点要擦坯的部位。

⑦ 接收青坯时，要按生产计划上的型号要求比对型号、条形码、青坯上的标识印等，确认无误后进入擦坯作业。

二、擦青坯操作注意事项

① 擦坯前，先认真检查一遍坯体，尤其注意糙活（凹凸）、坯裂等缺陷，确认无缺陷后再擦坯；对有缺陷的坯体要及时返回，不得私自修复。

② 擦坯时，使用浸泡过的湿润海绵将坯体需要喷釉的表面擦干净，擦后的表面做到无海绵渣、泥缕、糙活、坯磕、成型裂、堵眼等缺陷，海绵损坏、掉渣要及时更换。

③ 擦坯时，低压灯要从坯体表面的侧面照光，不能直照坯体，并做到眼到、手到、灯到；坯体的圈眼等不易看到的部位要用小镜子照着查看。

④ 擦坐便器时，水道口、喷射孔内杂质要清理干净；擦水箱时，水箱内部的坯渣、土粉要清理擦拭干净。

⑤ 使用海绵注意事项：

a. 海绵的含水量要适中，含水量大易造成泥缕、糙活，含水量小会擦不干净；

b. 按坯体擦拭的顺序要求用海绵擦拭，防止丢面；

c. 使用海绵的力度要适中，不能来回擦拭，防止造成糙活（凹凸）等缺陷；

d. 海绵要勤清洗，擦坯容器中的水每两小时更换一次，防止杂质带到坯体上，产生釉脏、滚釉等。

⑥ 擦拭后的坯体要用掸笔掸净表面附着的杂质，注意不要划伤坯体。

⑦ 搬运坯体时要轻拿轻放，不准拉帮、扣眼。

⑧ 工号要打在规定部位，要清楚工整。

⑨ 擦坯作业中，注意作业区不要有积尘、积水；工作结束后，要清理点检使用的工具，将作业区清扫干净。

三、坯体圈下刷釉和刷氯化镁溶液注意事项

① 便器圈下刷釉作业时，注意要顺着圈出水孔的角度方向刷釉，再用小镜子检查，防止孔眼堵塞和漏刷。

② 刷氯化镁溶液时，要使用车间调配的氯化镁溶液，在指定坯体的指定位置上按要求的遍数涂刷作业，不能有漏刷现象。

② 机器人施釉设备启动顺序及注意事项实例。以下为某企业机器人施釉设备启动顺序及注意事项实例，供参考。

实例 3：　　　　机器人施釉设备启动顺序及注意事项

一、输送线及附属装置

① 检查室外除尘风机、滤筒等状况，开启室外风机，运行要正常；

② 检查输送线状况，开启输送线控制柜总开关，确认吹尘橱、检验橱（含点检、补枪）的两侧风门是否正常开启，输送线上托板的位置、数量是否正确，托板升降机旋钮是否在自动的位置，按下启动按钮，输送线开始自动运转；

③ 在上坯体的工位确认红外线定位器正常后，根据坯体型号，开始上坯，通过红外线的"十字光标"定位装置确认坯体的位置；

④ 在吹尘橱对坯体的表面、内部进行吹尘处理，吹尘完成后，坯体的表面用海绵进行擦拭，去除坯体表面上的坯粉与异物等，完成后的坯体经过输送线运送至水道灌釉机，吹尘时注意气管要拿稳，防止气管松脱伤人、伤坯；

⑤ 坯体在水道灌釉机工位处灌釉，灌好釉的坯体经过输送线运送至坯体圈下喷釉位置，进行圈下釉的喷涂；

⑥ 在检验橱，对便器圈下喷釉的喷涂状态和存水弯部位釉的状态进行确认；对喷釉中喷涂不到位的部位进行补枪喷釉处理，并对坯体摆放位置确认；完成后坯体经过输送线运送至搬运机器人位置，准备移至喷釉橱内进行机器人喷釉；

⑦ 停机时要将输送线的水、压缩空气的阀门关闭，输送线的照明、风扇关闭，吹尘橱的除尘风机关闭。

二、除尘风机

① 检查喷釉机器人除尘风机脉冲开关状况，使其始终处于开启状态；

② 开启主电柜的除尘风机按钮开关，风机开始运行；

③ 开启除尘风机前面脉冲开关，定期清理除尘机的粉料；

④ 停止作业后要关闭除尘风机。

三、机器人

① 开机前检查喷釉机器人主机设备状况是否完好，配套设备的除尘风机、输送线是否运行正常。

② 将主电柜内的断路器置于 ON，再将机器人控制器的电源开关旋钮转到 ON，关闭示教器内正在运行的程序，然后将示教器及主程序控制开关切换到自动位置。

③ 检查釉浆性能，确认各项压缩空气的压力是否处于设定值，将供釉、供水、供气阀门开启，检查喷枪帽的喷射孔是否通畅；先关闭雾化空气开关，排出供釉管内的残留水至喷枪流出的釉浆里面没有空气为止。

④ 将输送线上的坯体，用搬运机器人按规定的位置、方向准确地放置在机器人喷釉转台上。

⑤ 转台旋转进入喷釉橱内，喷釉机器人将根据坯体的型号，调出之前设定好的喷涂程序，机器人开始喷釉。

⑥ 喷釉完成后，转台旋转将坯体移出喷釉橱，再将下一个坯体旋转移进喷釉橱进行喷釉，喷釉完成的白坯会出现流釉的现象，需要用海绵进行擦拭修正。

⑦ 设备在自动运行过程中，应检查安全开关是否处于正常状态，确保人身安全，严禁人员从转台门进出，防止人被门夹住。

⑧ 关机前，应将机器人回到原点位置，确保机器人处于安全位置，将控制器的电源开关旋钮转到 OFF，然后将主电柜上的断路器置于 OFF。

⑨ 关机后，清理喷釉橱内部吸附的釉，以及清洗喷枪帽、供釉管等，做好设备的环境卫生清理工作。

四、其他

确认电缆、气管、喷枪是否完好，气管连接是否牢靠、无漏气，连接喷枪端是否有富余量，喷枪固定要牢靠。

③ 作业指导书的实例。某企业的连体坐便器人工施釉作业指导书实例见表4-13，供参考。

表4-13 连体坐便器人工施釉作业指导书

产品型号	连体坐便器	编制		版次		共3页
作业顺序	喷釉橱或施釉线					第1页

连体坐便器人工施釉作业指导书

作业顺序	操作说明	操作注意事项	审查（作业重点管控事项）	核准（工艺要求）	使用器具
一、釉浆接收	1. 釉浆桶批号与当天送釉单上批号内容一致。送釉记录单上的性能数值须符合使用标准	①批号不一致、数值不符合的釉浆，立即退回原料工序，并要求送合格的新釉使用，保证生产不延误 ②原料工序时按时送釉，不能延误生产进度	釉浆性能的测定	符合送釉标准	马里奥托杯等
二、釉浆性能检测	1. 检测出的数值应和送釉记录单无明显差异	①数值要在使用范围 ②差异过大，不在使用范围，立即退回，更换釉浆 ③在检测时，工具须清洁，避免对釉浆造成污染	供釉压力	0.2～0.3MPa	压力表
			雾化压力	（0.6±0.1）MPa	压力表
三、压力的调整	1. 供釉压力 0.2～0.3MPa 2. 雾化压力（0.6±0.1）MPa	供釉压力需调整到要求范围内使用 雾化压力须调整到要求范围内使用	吐出量	（9±1）s/200mL	秒表/量筒
四、喷釉吐出量、形状测定	1. 关闭雾化空气，进行吐出量测定 2. 釉浆吐出形状的检测：打开雾化阀，检测喷枪吐出形状，调整雾化控制阀到规定形状。枪距：约400mm；喷着面：φ150mm±20mm	调节吐出量控制螺栓，到（9±1）s/200mL ①吐出形状的变化会造成局部釉溥或流釉 ②吐出形状：近似圆锥体（扇面）		近似圆锥体（扇面） 枪距：约400mm 喷着面：φ150mm±20mm	PVC板
五、釉层与干燥速度测定	1. 白坯的釉层厚度测定：釉厚控制在：0.7～1.0mm 2. 釉浆的干燥速度测定：干燥速度为（24±3）min/5mL	①用木锤在测定点砸取试样，测定点详见釉厚测定记录表（测定首件可按喷釉要求用废坯喷） ②用10倍刻度放大镜测定试样断面的釉厚 青坯测定板上放1个内径为φ45mm的圈，用注射器吸5mL的测定釉向圈内注入，同时用秒表计时，釉表面没有水分时，测得的时间即干燥速度	釉厚	0.7～1.0mm	刻度放大镜
			干燥速度	（24±3）min	测定板
六、青坯出库	1. 严格按照计划单上的产品型号出库。点检产品出库的数量 2. 运输过程中应注意地面杂物、物道路是否畅通	不可出无计划的产品出库，注意分清产品的300和400墙距。记录或刷条码，不可漏记漏扫条码 拉坯运输过程中须缓慢匀速，不可过快	青坯出库	无漏记漏扫条码	扫码枪
			设备、工具	施釉橱、喷枪、隔膜泵、海绵等	

注意事项	1. 作业前要对施釉使用的设备、治具、材料等进行点检确认，异常时及时报修、更换； 2. 确认使用的釉压、风压在规定范围之内； 3. 按要求检测喷枪吐出量和形状，检测白坯规定部位的釉厚度是否达标				
变更栏	变更内容	制定	制修订日期 年 月 日	修订人	
	制定				

连体坐便器人工施釉作业指导书

产品型号	连体坐便器			施釉设备	喷釉枪或施釉线	审查	核准	版次
作业顺序	操作说明				操作注意事项	作业重点管控事项	工艺要求	使用器具
七、青坯吹尘	1. 将青坯搬运到厨内,进行吹尘。将表面主及杂质尘吹净 2. 外观和水道内的粉尘要吹干净				注意拿气管吹尘时,管头不要过长,防止气管打伤坯体	青坯擦洗	表面无杂质粉尘	手灯、海绵
八、青坯擦拭	1. 用湿海绵擦拭坯体,去除坯体表面杂质与灰尘,并确认坯体干湿度;给青坯适当补水 2. 两人配合坯体的搬给拿取与码放,轻拿、轻放,防止磕碰				坐便器水箱排水口与洗面水道水口相互替进行吹,要使水道中的残渣吹干净 在青坯放置过程中,坯体合干燥或表面发黄及落有灰尘,擦拭时需要适当补水,加强坯体结合性 拿取先下层后上层,码放要先上后下是防止坯车下层粉尘、泥渣等掉落,注意青坯码放间距	水道灌釉 白坯釉厚	釉浆相对密度:1.2~1.5 釉厚:约0.2mm 釉厚:0.7~1.0mm	容量瓶或海波美计 刻度放大镜 刻度放大镜
九、水道灌釉(圈下刷釉)	1. 使用水道灌釉的釉浆,按作业要求将釉浆灌入水道管内,使水道内壁釉厚均匀约0.2mm。釉浆相对密度:1.2~1.5 2. 圈下刷釉,对部分产品按规定进行圈下刷釉				沿便器入口将釉浆倒入管道口来回晃动,使内壁均匀挂釉,然后由排釉口将釉浆倾倒出来,要用海绵擦干将水道内的入口和排污口处的残余釉浆 圈下刷釉时要顺圈出水孔方向刷釉,注意确认孔眼不能堵塞			
十、坯体喷釉(锆乳浊釉)	1. 先用海绵盖住产品贴的条码,防止喷釉过程中条码被釉覆盖或减到 2. 对产品所有表面用半空枪吹尘 3. 喷釉路线:存水湾入口→圈下沿→洗面→圈内面→坐圈面→上表面→水箱正面→圈面→前面→外圈面→背面→侧面,进行第1遍喷釉 4. 按照上述喷釉路线用喷枪进行坯体喷釉第1遍喷釉 5. 按照第1遍喷釉和方法喷釉第2遍 6. 按照第2遍喷釉路线和方法喷釉第3遍,共喷釉3遍,特殊部位可以减薄				条码处的余釉要处理干净,方便后工序扫条码 坯体表面异物,灰尘要吹干净 ①喷釉时,喷枪釉面与坯体喷釉面保持垂直,喷枪距约400mm,行走间距约70mm ②喷枪喷釉方向需与坯体喷釉线行走运行速度不得忽快忽慢,速度应保持匀速 第1遍釉,釉厚控制在0.25~0.3mm 第2遍釉,釉厚控制在0.25~0.3mm;两遍同隔时同不得超过90s 第3遍釉,釉厚控制在0.25~0.3mm;总釉厚控制在0.7~1.0mm			
注意事项	1. 擦青坯时要注意贴的条码,不要损坏,不要损坏,使用的海绵泡软化,如有损坏环渣要及时更换。 2. 水道灌釉一般在半刷工序完成,擦青坯时要注意排污口收釉及存水湾回釉现象,是否收釉在口内。 3. 坯体喷釉及存水湾回釉必须按作业顺序执行,避免丢枪与漏喷。 4. 特殊喷釉部位可喷釉1遍或2遍。 5. 部分产品为了减少烧成品釉面的毛孔缺陷,根据产品要求在坯体喷釉前规定的部位上涂刷一定浓度的氯化镁溶液。							

变更栏	变更内容						制修订日期	修订人
	制定						年　月　日	

续表　共3页　第3页

产品型号	连体坐便器				
施釉设备	喷釉橱或施釉线		编制	核准	版次
作业顺序	操作说明	操作注意事项	作业重点管理事项	工艺要求	使用器具
十一、白坯修正	1. 喷釉后清釉面擦拭修正:用擦干的湿海绵擦拭产品的水箱口、存水湾、洗净面等处 2. 坯体移出喷釉橱进行底边、装容支撑面以及水箱底部的余釉处理	确认釉面孔是否有流釉、釉续等,并用海绵轻轻将发生部位擦拭处理,注意力度,避免过大 ①用白洁布将装容支撑面进行底边、水箱盖的余釉擦拭处理 ②用刮刀将底边粘结的浮釉刮去并擦拭,要求底边有效1~2mm斜棱,不能有凹凸和掉釉现象	喷枪	无损环	目视、点检
			除尘机、隔膜泵	运转正常	目视、听音
十二、打商标贴标识	1. 确认打印商标使用的治具、材料是否齐全 2. 按照打印商标要求进行操作(在规定位置打上商标(贴商标) 3. 按照商标贴贴标识要求作业在规定位置贴标识	确认商标模或商标完好,贴商标要使用车间统一配置的纤维素,要在有效期内使用 打印商标后确认是否有标污、标脏、标歪等并修正 贴标识后确认是否有标污、标脏、标歪等并修正	回收釉	无异物、串色	刮铲
			架台	缓冲胶没有损环	目视、点检
十三、白坯点检、检查存放	1. 点检白坯,确认是否有缺釉、釉面刮伤、商标识不良,孔眼不良、余釉处理不干净等缺略 2. 白坯点检合格后搬运至架上,转台及架台的搬运至上,运到指定地点	白坯点检发现问题及时处理 白坯吸收釉浆水分后强度变得更小,更容易锚环,搬拿时注意轻拿、轻放	转台	无损环、旋转正常	目视、点检
			白坯扫码	逐一扫条码	扫码枪
十四、喷釉橱清理、收集回收釉	1. 将粘在喷釉橱内壁、转台及架台的釉清理铲下并回收 2. 将装着有回收釉的小车拉出倒入回收釉桶内	用刮铲将回收釉铲人专用小车上,转台及架台的余釉刮下 清理完成后按规定要求用干净水清洗喷釉橱内部,然后擦干	注意事项	1. 擦拭流釉、釉续,注意使用海绵力度。 2. 底边、水箱倒1~2mm斜棱。 3. 对部分需要喷洁的产品,在打商标(贴商标)完成后将白坯移送到喷洁处要求进行喷釉。 4. 每天作业前按要求进行工作岗位、设备等点检与维护	
十五、设备、工具、材料点检与维护	1. 确认全风机、隔膜泵运转范围值内;压力表是否在规定范围值内;确认水过滤器的滤芯网是否干净 2. 喷枪的点检清理 3. 喷釉橱的维护 4. 作业前按要求进行施釉所使用的工具、材料等点检	按日常点检要求进行,定期清理滤网及更换。压力值调整到范围内 做好喷枪日常点检,作业结束后要清理擦拭干净 按要求进行清理维护、幕板损环要及时维修更换 对点检不合格的及时修理与更换			
十六、现场5S管理	1. 作业前穿戴好防护用品 2. 清理现场、坯体、搬运车、工具等定位放置	作业时,手上不能佩戴饰物,不可留长指甲,避免造成坯体损伤 作业结束后将现场设备以及工具清洗干净,定位放置、工具存放位置要方便拿取;保持道路畅通	变更栏	变更内容 制定	制修订日期 年 月 日 修订人

（4）质量管控点的检测、确认及记录

要对施釉工序的各质量管控点进行检测、确认并做好记录。

以下为某企业对质量管控点的检测、确认及记录表的 7 个实例，包括：施釉车间温湿度记录表，见表 4-14；施釉管控记录表，见表 4-15；施釉工序白坯首件确认记录表（首件指每班喷釉出的第 1 件产品），见表 4-16；釉层厚度检测记录表，见表 4-17；施釉车间白坯质量抽查记录表，见表 4-18；施釉质量推移图，见表 4-19；烧成品施釉缺陷记录表，见表 4-20。供参考。

表 4-14　施釉车间温湿度记录表

确认年度：　　月度：　　　　　　　　确认人：

时间 / 日期	9:00		11:00		14:00		16:00		20:00		23:00		记录人
	温度	湿度	温度	湿度	温度	湿度	温度	湿度	温度	湿度	温度	湿度	
1 日													
2 日													
3 日													
4 日													
5 日													
6 日													
7 日													
8 日													
9 日													
10 日													
11 日													
12 日													
13 日													
14 日													
15 日													
16 日													
17 日													
18 日													
19 日													
20 日													
21 日													
22 日													
23 日													
24 日													

续表

日期＼时间	9:00		11:00		14:00		16:00		20:00		23:00		记录人
	温度	湿度	温度	湿度	温度	湿度	温度	湿度	温度	湿度	温度	湿度	
25 日													
26 日													
27 日													
28 日													
29 日													
30 日													
31 日													

表 4-15　施釉管控记录表

检测日期：　　　　　　检测人：　　　　　　确认人：

序号	操作工/机器人	喷釉吐出/(s/200mL)		釉压/MPa	风压/MPa	釉浆性状检测
		第 1 次	第 2 次			
1						釉 1-桶号
2						颜色
3						配方号
4						浓度
5						釉温
6						流动性
7						干燥速度
8						釉 2-桶号
9						颜色
10						配方号
11						浓度
12						釉温
13						流动性
14						干燥速度

表 4-16　施釉工序白坯首件确认记录表

检测年度：　　　月度：　　　确认人：

日期	产品名称	客户代码	产品代码	施釉工序白坯确认项目							检测人签字
				釉色	水道灌釉	易洁釉	商标	标识	釉厚	特殊要求	

日期	产品名称	客户代码	产品代码	施釉工序白坯确认项目							检测人签字
				釉色	水道灌釉	易洁釉	商标	标识	釉厚	特殊要求	

表 4-17　釉层厚度检测记录表

人工施釉：　　　机器人施釉：　　　班次：　　　检测人：　　　年　月　日

产品名称＼部位号									

表 4-18　施釉车间白坯质量抽查记录表

抽查日期：　　　　　检测人：　　　　　确认人：

施釉工号	产品名称	抽查数量	颜色	商标	标识	孔眼孔距	釉面质量	贴标位置及质量	不合格品数量及处置方法

注：检查项目中，合格打√，不合格打×，不合格品数量及处置方式要描述清楚。

表 4-19 施釉质量推移图

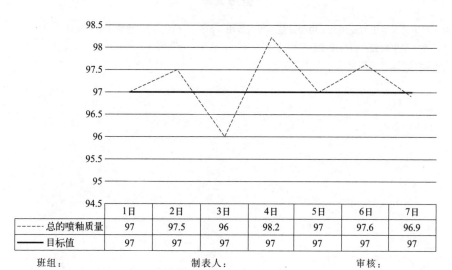

	1日	2日	3日	4日	5日	6日	7日
- - - 总的喷釉质量	97	97.5	96	98.2	97	97.6	96.9
—— 目标值	97	97	97	97	97	97	97

班组：　　　　　　　制表人：　　　　　　　　　审核：

注：喷釉质量、目标值指烧成品的施釉合格率

　　说明：施釉质量推移图包括许多质量内容，如烧成合格率推移图，包括烧成合格率的目标值；施釉烧成缺陷中施釉工序缺陷的推移图，包括施釉工序缺陷的目标值；施釉工序缺陷中各缺陷的推移图，包括各缺陷的目标值。

表 4-20 烧成品施釉缺陷记录表

班组：　　　　　　记录人：　　　　　确认人：

日期　＼　缺陷名称	缺陷 A	缺陷 B	缺陷 C			

参考文献

[1] 丁卫东 . 中国建筑卫生陶瓷协会 . 中国建筑卫生陶瓷史 [M] . 北京：中国建筑工业出版社，2016.

[2] 徐熙武，等 . 卫生陶瓷原料与泥釉料配方 [M] . 北京：化学工业出版社，2018.

[3] GB/T 6952—2015 卫生陶瓷 .